スマート化する放送

ICTの革新と放送の変容

日本民間放送連盟・研究所 編

スマートテレビのゆくえ　テレビの世界にイノベーションを起こそう　スマートTV戦略と4K8K高画質戦略　視聴者にとって「テレビ」とは何か　テレビとインターネットメディアの相乗効果　メディア情報と利用者行動　ネット選挙運動の解禁と放送局　ソーシャルメディアと放送ジャーナリズム　グーグルグラスはニュースを変えるか　電波法制をめぐる諸問題

三省堂

装丁　シンプル組合(門倉未来)

は じ め に

　日本の放送は，2012年3月に地上波テレビのデジタル化を完了し，ポストデジタル化の時代を迎えている。伝送方式のデジタル化に伴い，記録・編集方式なども完全にデジタル化され，その結果，放送とデジタル情報とのシームレスな融合が可能となった。ポストデジタル化のキー・コンセプトとして，ネットと放送の融合およびそれによる放送のスマート化などが提起されるのは自然な流れといえよう。

　情報通信技術（ICT）の革新は，今や放送における技術革新と同じ意味合いを持っている。インターネットやモバイル・コミュニケーションなど情報通信の分野では，日々新しいビジネスが生まれユーザーの利便性が向上しており，それが社会，経済の発展にも寄与している。一方で，放送の世界は，一般的にデジタル化後も大きな変化がみられないとの印象を持たれてはいないだろうか。

　マスメディアとしての放送が持つ報道，世論形成，エンターテインメントなどの分野における社会的機能は，ネットやソーシャルメディアが広く普及し，利用されるようになることにより，ある程度変容することはあっても失われることはないとの考えは，広く共有されているといえる。同時に，技術の進歩や社会の変化に合わせて，放送がそうした機能をさらに高めていくことは，公共性の観点からだけでなく，産業としての放送の発展の観点からも必要不可欠といえる。

　本書は日本民間放送連盟・研究所（以下民放連・研究所）の10人の客員研究員が，上記のような問題意識に基づき，各自が研究課題を設定し，その研究成果をまとめたものである。2011年度に導入された民放連・研究所の客員研究員制度では，経済，経営，法制度，ジャーナリズム，メディア論など多様なバックグラウンドをもつ大学研究者を客員研究員に委嘱した。各研究員は，放送をめぐる諸問題について各自が設定した課題に関する研究成果を，年6回程度開催された研究会で発表し，討議を重ねてきた。2013年度は，ネットとの

融合による放送のスマート化とデバイスのマルチスクリーン化に焦点を当て"スマート・モバイル時代の放送"を共通テーマとして設けた。各自が設定した課題の研究成果が本書に収録されている。

　研究成果は、「スマート化する放送～ICTの革新と放送の変容～」のタイトルのもと、4部から構成されている。「第1部　放送のスマート化とイノベーションの創出」では、スマートテレビなどネットとの融合サービスや4K・8Kなどによる放送サービスのイノベーションの必要性とそこから新しいビジネスを創出する戦略などについて論じている。「第2部　放送＋ネットと利用者の意識・行動の変化」では、端末のモバイル化や放送とソーシャルメディアの連動利用などが放送に関するユーザーの意識や行動に与えている影響について論じている。「第3部　ネット・ICTの発展と放送ジャーナリズムの変容」では、ネット選挙の解禁や報道現場におけるソーシャルメディアなどの活用が放送ジャーナリズムに与える影響とその課題について論じている。最後に「第4部　メディア環境変化と電波法制の課題」では、ワイヤレス・ブロードバンドの利用拡大を契機とする周波数オークションをめぐる議論の整理と、マルチメディア放送と電波利用料制度のあり方について論じている。

　それぞれの論考は、研究員が各自の研究をベースに、放送の受け手や放送事業者に対するアンケート調査およびヒアリング調査などを新たに行ったうえでまとめたものである。客員研究員による研究会合では、各自が研究成果を発表し合い、研究員だけでなくオブザーバー委員や事務局も交えて活発な意見交換を行った。その成果も本書に収められた論考に生かされている。

　放送とICTの融合はまだ始まったばかりであり、克服すべきさまざまな課題が山積している。そのごく一部ではあるものの、重要な課題が本書において扱われている。放送とICTの関わりを理解する上で、一助になれば幸いである。

2014年7月

三友　仁志

民放連・研究所　客員研究員会座長

目　次

はじめに

第1部　放送のスマート化とイノベーションの創出

第1章　スマートテレビのゆくえ …………………………………… *10*
デジタルのトレンド／アメリカの動きと日本の反応／民放の連携　マル研の挑戦／各社の多様なトライアル／マルチメディア放送／メディア構造の変化／視聴スタイルの変化／日本の強みを活かしたスマート化／マルチスクリーンという日本型モデル／マルチスクリーンの次に来るもの／リモート視聴にみる課題／4K・8Kとスマートテレビ／課題／五輪に向けて

第2章　テレビの世界にイノベーションを起こそう
　　　　〜ネット活用による新しいテレビ・ビジネスの創造に向けて〜 ‥ *38*
急速に進み始めたテレビ業界のネット活用／テレビにおけるネット活用／ネット活用の価値／テレビ局は何をすべきか

第3章　スマートTV戦略と4K8K高画質戦略 ……………………… *60*
ウインドウ戦略を含むマルチユース戦略／他ジャンル，他国でのウインドウ戦略／ネットという新しい映像伝送ウインドウの位置づけ／経営組織論的な課題―現場のプロデュース能力の再定義／ネット・ウインドウに対する3つの戦略／放送技術における2つの主要なベクトル（双方向性と高画質化）

第2部　放送＋ネットと利用者の意識・行動の変化

第4章　視聴者にとって「テレビ」とは何か
　　　　〜「テレビ」からあなたが連想すること〜 ……………………… *82*
「テレビ」って何だろう／テレビへの態度と「テレビから連想するもの」の調査／「テレビへの態度」の年齢層及びスマートフォン使用程度による違い／「テレビから連想すること」の年齢層及びスマートフォン使用程度による違い／調査分析のまとめ

第5章　テレビとインターネットメディアの相乗効果
　　　　〜震災復興を中心に〜 …………………………………………… *108*
はじめに／映像の影響力／震災後の災害対策行動および協力利他行動への影響／テレビとインターネットメディアは社会参加を促進したか／マルチスクリーン視聴は視聴者の知識の形成に役立つか／おわりに

第6章　メディア情報と利用者行動 ……………………………………… *130*
　　はじめに／メディア情報が利用者行動に与える影響／実証分析／おわりに

第3部　ネット・ICTの発展と放送ジャーナリズムの変容

第7章　ネット選挙運動の解禁と放送局 ………………………………… *154*
　　はじめに／従来の選挙運動規制／ネット選挙運動の解禁／2013年参議院選挙におけるネット選挙運動／放送局の対応／むすびにかえて―見えてきた課題

第8章　ソーシャルメディアと放送ジャーナリズム
　　　　〜地域ジャーナリズムでの可能性〜 ………………………… *176*
　　はじめに／報道現場が変わった／メディアと利用者が一緒に考える報道／新聞記事の構造と論理／視聴者に問いかけるローカルワイド・ニュース／深夜討論番組とSNS／現場の「つぶやき」をどう扱うか／放送現場にとっての「公」と「私」とは／SNSとポータルとしての放送メディアの可能性

第9章　グーグルグラスはニュースを変えるか
　　　　〜見えてきた「日本的ジャーナリズム」の課題〜 …………… *190*
　　はじめに／ニュース取材が変わる予感／グーグルグラスを生かすために：日本のテレビジャーナリズムの課題／おわりに：テレビ業界が出遅れないために

第4部　メディア環境変化と電波法制の課題

第10章　電波法制をめぐる諸問題
　　　　〜周波数オークション，電波利用料制度を中心に〜 ………… *216*
　　はじめに／周波数オークション制度の導入に向けた議論／電波法の一部を改正する法律案／電波利用料制度／むすびにかえて

資料　民放連・研究所客員研究員会開催概要 ……………………………… *244*

執筆者一覧

第1章　中村伊知哉（慶應義塾大学大学院メディアデザイン研究科教授）
第2章　稲田　修一（東京大学先端科学技術研究センター特任教授）
第3章　内山　　隆（青山学院大学総合文化政策学部教授）
第4章　渡辺　久哲（上智大学文学部教授）
第5章　三友　仁志（早稲田大学大学院アジア太平洋研究科教授）
第6章　春日　教測（甲南大学経済学部教授）
　　　　阿萬　弘行（関西学院大学商学部准教授）
　　　　森保　　洋（長崎大学経済学部教授）
第7章　宍戸　常寿（東京大学大学院法学政治学研究科教授）
第8章　音　　好宏（上智大学文学部教授）
第9章　奥村　信幸（武蔵大学社会学部教授）
第10章　林　　秀弥（名古屋大学大学院法学研究科教授）

※本出版物に掲載されている客員研究員による研究報告は、客員研究員個人の見解を示したものであり、民放連ないし民放連・研究所の公式見解を示したものではありません。

第 1 部

放送のスマート化と
イノベーションの創出

第1章
スマートテレビのゆくえ

1 デジタルのトレンド

「デジタル十大ニュース」。今年(2014年)の初めにネットで投票してもらったところ,昨年(2013年)1年の結果は以下のとおりとなった[1]。

　1位:バルス祭り　14万tweet世界記録塗りかえる
　2位:特定秘密保護法とNSA通信傍受
　3位:3Dプリンター低価格化で身近に
　4位:オープンデータ進展
　5位:冷蔵庫に入る若者たち〜炎上相次ぐ
　6位:ホリエモン出所
　7位:あまちゃん・半沢直樹,テレビの底力
　8位:4K8K/Hybridcast次世代テレビに期待感
　9位:大阪市・荒川区・武雄市が2015年度までに子どもにタブレット配布
　10位:ウェアラブル・コンピュータ時代到来か

2年前(2011年)はスマート革命を示すラインアップだった。マルチスクリーン,クラウドネットワーク,ソーシャルサービスのネタで埋め尽くされた。去年(2012年)は,スマートの明暗を示した。スマートテレビ,LINE,ビッグデータ,といった次の市場が現れた一方,コンプガチャ,炎上,家電の落ち込みと

いった影も見えた。

そして今回。私は光が差してきた、と感じた。

あまちゃん・半沢（7位）でテレビが底力を見せた。久々にテレビ番組がプレゼンスを示したのはうれしい。4K8K（8位）やタブレット教育（9位）といった新市場も提示された。ホリエモン出所（6位）への投票は、放送業界には異論があるだろうが、さまざまな復活や創造への期待感と、それを許容する社会の余裕を感じさせる。

秘密保護法（2位）や冷蔵庫炎上（5位）といった影も忍び寄る。しかし、秘密保護法に対してオープンデータ＝情報公開（4位）という光が対抗し、冷蔵庫炎上に対してはバルス祭り（1位）が元気にしてくれている。明るいではないか。

この3年、筆者は民放にとってネットやデジタルが悪魔の囁きなのか福音なのか、それを見定めようと議論してきた。そしてここに来て見えてきたものは、そのどちらでもない、とにもかくにも現実であって、もはやその海のただ中に漕ぎだしているのだが、そうは言ってもこの1年は、春の陽光とは呼べずとも、遠くにほの明るい輝きが差し込んでいるぞ、そのような光景だ。

3年前は、GoogleTVやApple TVなど黒船来航に日本は右往左往した。2年前には、セカンドスクリーンという日本型のスマートテレビの姿がアメリカ型に対抗し得るという議論となった。

そしてこの1年はもはやアメリカの話題は影を潜め、日本でのスマートテレビを放送局がいかにビジネスにするかという論議に集中している。まだビジネスは成立していないが、放送局がトライアルを通じて、展望とまで行かなくとも、感触をつかみつつあるように見える。

このところ米IT企業によるスマートテレビの話は落ち着きを見せ、Huluの日本事業は日本テレビが買収することとなった。NHK「ハイブリッドキャスト」が始まった一方、「マルチスクリーン型放送研究会」に見られるように、民放によるトライアルも進められている。

民放と通信会社とが連携したmmbi「NOTTV」や，NTTドコモ「SmartTV dstick」などケータイ3社によるスマートテレビ事業も始動。放送と通信をまたがる動きも本格化してきた。エフエム東京が中心となり，V-Low周波数帯域を使った「マルチメディア放送」も始まる。民放5社は動画配信サイト「もっとTV」で定額サービスを開始した。弾みがついてきた。

2　アメリカの動きと日本の反応

スマートテレビは，放送・通信を連携・融合する新ジャンルとして，あるいは地デジ後の有望なビジネスとして注目を集めている。しかし，そのイメージはいまだ不明確で多様なままだ。

大画面テレビでネット情報を見ることが可能なサービスと捉える場合もあれば，それを可能にする受像器やセットトップボックスなどのハードウェアを指すときもある。ビデオオンデマンドを通信経由でテレビ端末で観られるようにするという事例で語られることもある。

タブレット端末で番組を観られるようにする，テレビ画面とスマホ（スマートフォン）でのソーシャルサービスとを連動させる，など，イメージは多様である。そのように混沌とした，新しい端末＋ネット環境＋ソーシャルサービスの最小公倍数を，ひとまず「スマート」というくくりで呼んでいるということだ。

先行したのはアメリカである。YouTubeなどPC向けの映像配信が2006年から本格化した後，GoogleやAppleなどIT系企業がテレビ端末によるネットサービスを展開するようになり，テレビも主戦場として捉えられるようになった。

これに対し放送側も，地上波放送局がHulu等の映像サービスを仕掛ける一方，タイム・ワーナーやコムキャスト，DirecTVなどケーブルや衛星も力を入れている。AT＆TやVerizonなどの通信系もIPTVでアピールしている。

欧州でも，BBCがネット上のオンデマンドサービスiPlayerをいち早く開始するなど，公営・公共放送局が力を入れている。メーカーでは，SAMSUNGやLGがスマートTVと銘打ち，ネット対応テレビ端末の販売に注力している。
　ただし，これらは必ずしもうまく進んでいるわけではない。Appleはケーブルとの連携を強化し，自社のテレビ計画を縮小すると報道されている。Googleはテレビに取り付けてウェブを視聴する装置を35米ドルという低価格で提供する戦略に転じた。
　映像配信ではネットフリックスが快調だが，Huluは押され気味で，日本での事業は2014年2月，日本テレビが買収することが発表された。

　日本の放送界は動きが遅かったものの，2009年からネット配信に本腰を入れるようになった。しかし，そのとたん，次のステージとして，マルチスクリーンにソーシャルメディアを組み合わせた「スマートテレビ」が脚光を浴びることになった。
　すると今度は放送界が素早い対応を見せた。NHKは放送技術研究所がHTML5を採用した「ハイブリッドキャスト」を開発し，テレビとタブレット端末などテレビ番組とのヒモつき情報を連動させたサービスを開発している。
　フィギュアスケーターが舞うシーンをテレビで観ながら，タブレットで足下アップの指示や再生のコマンドを与えてネット映像を同時に見る。旅番組をテレビで観ながら，その地図をタブレットで確かめる。サッカー中継中，選手たちのフォーメーションがタブレット上にリアルタイムで示される。同じ画面がテレビ上にもオーバーレイされる。テレビ端末に向けては地デジで放送され，タブレットにはインターネットで送信する技術だ。
　2013年9月にNHKがサービスを開始，総合テレビのニュースやクイズ番組で利用が始まった。民放でもフジテレビが深夜放送の心理ゲーム番組「人狼」で，テレビ東京が「MISSION 001〜みんなでスペースインベーダー〜」で導入するなど，2014年から実験的に始まりつつある。
　ただし，専用のテレビ受像機が必要だ。現在，東芝，パナソニック，シャー

プなど一部製品が対応しているが、販売価格も低くないため、その普及がカギを握る。

3 民放の連携　マル研の挑戦

2014年1月、民放5社は動画配信サイト「もっとTV」で定額サービスを開始した。月額945円で各局のテレビ番組300本が見放題となる。サイト自体は民放5社、NHK及び電通が2012年に開設し、1本315円など番組ごとに料金を支払って視聴するものだが、まとまった動きを見せている。このように民放が連携して市場を開拓している点も注目される。

特に、在阪テレビ5局を中心とする「マルチスクリーン型放送研究会」がスマホなどセカンド端末での放送連動サービスを実験しており、民放が連携してスマートテレビのモデルを開発する取り組みとして熱い視線を浴びている。参加社は40社にのぼる。

NHKのハイブリッドキャストが放送の電波と通信回線をテレビとタブレットに使い分けているのに対し、マルチスクリーン型放送研究会、通称「マル研」が示すシステムはIPDC（IPデータキャスト）という方式だ。IPDCは地デジ

図表1　IPDCの仕組み

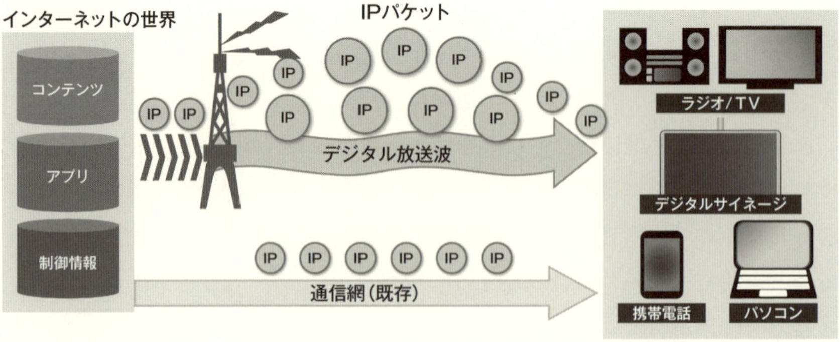

の放送電波にIP（インターネットプロトコル）という通信方式を重畳し，放送の電波1本でテレビもタブレットやスマホなどのダブルスクリーンもカバーする仕組み．放送局がすべてをコントロールする方式である．筆者が代表を務める「IPDCフォーラム」が主導している．

　進化も速い．放送・通信融合展「IMC 2012」でのブース展示は，テレビ画面からタブレットに情報を連動させるサービスがクローズアップされていたが，2013ではスマホでの操作が焦点となっていた．
　スマホには見ているテレビ番組のCMが勝手にどんどんたまっていき，スマホに蓄積されたCMからゲームやクーポンに飛ぶといったサービスが提案されていた．テレビを見てたらトクをする．大阪的なしかけである．ヒントが潜んでいることを感じる．
　スマホがリモコンになるアプリも提案していた．リモコンを立ち上げると同時にマル研アプリも立ち上がる．ユーザーをアプリにどう誘導するかがスマホ関係者の悩みの種だが，リモコンなら身近な入り口となる．そこからマル研サービスに引き寄せるというアイディアだ．
　マル研を主導する毎日放送の齊藤浩史氏は「放送の世界にインターネットを引き込んで勝負する．アウェーでなくホームの戦いに持ち込む．」という．放送局が連携してネットを駆使し，魅力あるサービスを開発する意気込みだ．通信・放送の融合に対し，長期にわたり日本は放送局が消極的な姿勢を見せてきたが，それは反転しつつある．
　マル研は，無料アプリをスマホにダウンロードすれば番組連動情報が自動配信されるシステム「SyncCast」の試験運用を，2014年2月に開始している．ローカル局がセカンドスクリーンコンテンツを簡便に制作・運用できるシステムも準備し，民放全体がスマートテレビに取り組む環境を進めている．
　一方，ハイブリッドキャストのセカンドスクリーン連携は，機能もユーザーインターフェースも改善の余地が大きいという感想が放送局から聞こえている．操作が面倒，端末によって機能が異なる，放送局の対応が大変でコストパフォー

マンスが悪い，といった意見だ。技術面もサービス面も改善を続けていくことが求められる。

4　各社の多様なトライアル

　民放個社も活発になってきた。筆者が座長を務める民放連・研究所「民放のネット・デジタル関連ビジネス研究プロジェクト」では，参加民放各社による多様な取り組みがレポートされている。例示しておこう。

　日本テレビの「JoinTV」は，データ放送を活用して同じ番組を観ているFacebook上の友だちがTV画面上に現れるものだ。日本テレビはそのシステムを使い，ソーシャルメディアとの連動を災害対策に活かしている。

　徳島県，四国放送，日本テレビは，総務省のICT街づくり予算を活用した避難誘導ツール「JoinTown徳島」により，テレビ画面に世帯主の個人名を示して，早く避難するよう呼びかけるといった訓練を実証した。さらにテレビやサーバー上の個人情報と紐づけられたIDカードがあれば，名前や既往症・常用薬などの確認ができる。放送で避難を促し，その後は通信で個人の位置や状況が把握・共有できるというシステムだ。

　フジテレビの「メディアトリガー」は，スマホやタブレットをセカンドスクリーンにして，テレビ番組と通信コンテンツを同期させる。IPDCのように放送にIPを重畳する代わりに，放送に重畳した「音響ID」をタブレットが検知する仕組みだ。

　そのフジテレビは，放送番組とイベントや複数のメディアでのサイクルを提案している。放送番組とイベントの相乗効果は確認されているが，さらにネット配信，パッケージ，アプリ，ゲームなど複数のメディアで積極的にメディアサイクルを計画する。その中期的な計画をコンテンツデザインと呼ぶ。「めちゃ×2イケてるッ！」などの番組を軸に，多メディア展開してビジネスモデルを作ろうとしている。

TBS テレビはセカンドスクリーン対応として「リアル脱出ゲーム TV」を年 4 回放送した。ドラマの中で与えられるヒントをもとに，ネット上で謎解きに挑戦する。400 万人を超える参加を得た。「世界陸上モスクワ」ではテレビ視聴するとポイントがたまるトライアルを実施。放送中のキーワード音声をキャッチするとポイントが得られたり，世界陸上ロゴを認識させるとポイントが得られたりする施策だ。「マッチング・ラブ」は，テレビを見ながら自分と価値観の同じ運命の相手を見つける視聴者参加型恋愛マッチング番組。クリスマスイブにオンエアし，58 万人が参加したという。

　テレビ東京のダブルスクリーン・トライアルも画期的だ。2014 年 1 月生放送の視聴者参加型双方向番組「MISSION 001 〜みんなでスペースインベーダー〜」。テレビ画面に現れるスペースインベーダーと同じ色のボタンをスマホ画面でタップするとスコアが加算される。テレビ画面にはインベーダーがいるだけ。スマホを持っていない人を切り捨てる，相手にしない，という潔さである。スマホや PC から 15 万人の参加者を得た。同時にニコニコ生放送も実施。視聴率ではないビジネスへの期待が得られたという。

　テレビ朝日は Twitter との連動を試みた。音楽番組の Twitter 公式アカウント 25 万人に対し，まもなく AKB48 登場，などの情報を発信したところ，合計 100 万人規模のリーチを記録した。別番組で宣伝展開をしてみたところ，1000 万人規模のリーチを得た。番組とソーシャルメディアを連動させることで，放送局のパワーが示された。

　放送のコンテンツを軸に，ソーシャルメディアを連動させたマーケティングはまだ開拓途上だが，その手法を開拓し，これまで放送局が開拓できていなかった企業の販促費を獲得できるのではないか。そんな期待を抱かせる。

　文化放送はストリーミング配信とニコニコ動画に取り組んでいる。アニメ・ゲーム作品の人気声優によるラジオ番組，いわゆる「アニラジ」。ストリーミング配信サービス「超 ! A & G ＋」を 2007 年からスタートさせ，2014 年 2 月で延べ登録者は 600 万人に上る。ビジネス的には黒字で回っているという。2014 年春からはニコニコ動画に独自チャンネルを開設するという。

実に多様である。実に独自である。各局が自らの意志と手足で動いていることがわかる。

5　マルチメディア放送

通信・放送融合型の新しいサービス開発も進んでいる。一例が「V-Low マルチメディア放送」だ。地デジが整備されてテレビ局が引っ越したアナログ周波数の跡地のうち，1-3チャンネルで使っていた99MHz〜108MHzの電波，つまりVHFの低い（Low）ほうを使って新しい放送サービスを展開するものだ。

同じアナログ跡地でも，既にV-High（207.5MHz〜222MHz）は「NOTTV」がスマホ向けに有料テレビ放送をスタートしている。フジテレビなどテレビ局各社とNTTドコモのジョイントだ。通信会社とテレビ局とが組んで，スマホ向けエンタテイメントを提供している。

政府の計画では，地方ブロックを7つに分け，マルチメディア放送を行わせる。マルチメディア放送は，テレビやワンセグケータイだけでなく，スマホ，タブレット，カーナビ，デジタルサイネージなどにも，いや，どちらかというとそういう新しいマルチスクリーンを主軸にしたサービス。広告つき無料サービスも，課金型の有料サービスもOKだ。参入見込みの事業者はIPDC方式を採用する。テレビやラジオというより，ネットである。放送チャンネルというより，アプリである。

全国7ブロックを6社で請け負い，それぞれ9セグメントの放送を行う。電波を発射するハード事業と，コンテンツを編成するソフト事業とを分離するハード・ソフト分離型だ。中心的な役割を担う予定のエフエム東京は，V-Lowマルチメディア放送を推進するための持株会社を設立。傘下のハード事業者を通して2018年度までに，174億円の設備投資を予定している。総務省は急ピッチで制度を整え，2014年秋にはサービスインの見込みだ。

問題は，端末。対応する受信機が少ないと立ち上がりが大変だ。これに対

し，エフエム東京は，wifi チューナーを 5 年で 100 万台，無償配布すると表明した。コストは 30 億円に達する。チューナー＋wifi ルータの機能があれば，その周囲は V-Low 放送を wifi 受信できる環境になる。スマホでもデジタルサイネージでも，チューナーなしで V-Low が見られる。さらに対応デジタルサイネージも 2 万 4 千台を全国配備するという。

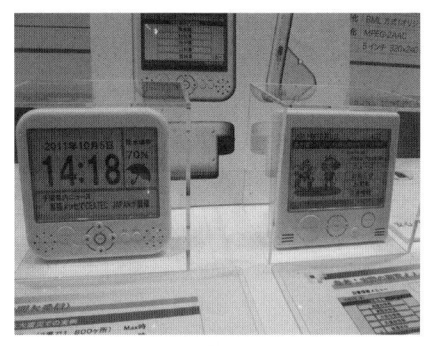

V-Low マルチメディア端末の例

通信・放送融合型のサービスという面では，「NOTTV」にみられるように，すでに放送と通信，テレビとケータイといった，業種やジャンルを超えて新分野を開拓する動きが本格化している。そして，通信各社によるテレビへのアプローチも活発化している。

ケータイ 3 社ともにスマートテレビ対応を進めている。NTT ドコモ「SmartTV dstick」，KDDI「Smart TV Stick」，ソフトバンクモバイル「SoftBank Smart TV」。wifi 経由で小型セットトップボックス機能を持つスティック型端末に送信してテレビ画面で表示する。

NTT ドコモ「SmartTV dstick」は，450 万人の会員をもつケータイ向け配信サービス「d ビデオ」をテレビでも見られるようにする。端末を購入すれば月額 525 円で見放題となる。KDDI は au のスマホ利用者向けに「Smart TV Stick」を用意するが，ケーブルテレビ事業も手がけており，ケーブル向けスマートテレビのサービスも提供している。ソフトバンクモバイルのサービスは「GyaO!」，「UULA」，「BBTV NEXT」，「TSUTAYA TV」を楽しめる。

野村総合研究所によれば，国内の有料動画配信の市場規模は 2012 年度で約 1000 億円。2018 年度には 1600 億円に成長するという。有望な市場として，多方面のプレイヤーによる競争が激化している。

6　メディア構造の変化

　定義もイメージもビジネスモデルもおぼろげなまま，注目されているスマートテレビは，80年代のニューメディア，90年代のマルチメディアにも似た一種のかけ声である。その分野の成長を期待して祈る産業界の呪文，ないしは，激しい競争が始まる号砲，と言い換えてもよい。

　ニューメディアがケーブルテレビや衛星に，マルチメディアがネットとケータイに具体像が収斂していったように，スマートテレビもサービスの展開を通して概念が変化していくだろう。ただし，現在議論されているスマートテレビには，ある程度の共通項が存在する。マルチスクリーン，クラウドネットワーク，ソーシャルサービスの3点だ。

　1点目は，スマートフォンやタブレット端末などのさまざまなデバイスと連携することである。「2画面方式」「マルチスクリーン」などと呼ばれているものだ。番組に関連する情報をTwitterなどで書き込む時にも，これらのデバイスが有効に機能する。

　2点目は，ブロードバンドのインターネット経由で映像コンテンツを視聴できることだ。これまでの「インターネットテレビ」と呼ばれるものも該当する。タブレットやスマホにアプリで展開するものも含む。IPDCのように放送の電波にIPという通信方式を組み込むものも含めてよかろう。

　3点目は，ソーシャルメディアとの連携機能が備わっていることである。現状でも，番組を見ながらTwitterやニコニコ実況（ニコニコ動画のテレビ実況サービス）などに書き込むサービスがあり，注目度が非常に高い分野となっている。

　この数年，メディアの分野は15〜20年ぶりに刷新の波に洗われている。
　テレビ普及の後，20年の時間を経て定着したPCとケータイに加え，スマホ，タブレット，デジタルサイネージなどの新型デバイス，新型スクリーンが一斉に広がり，「マルチスクリーン」環境となった。

地デジの整備とブロードバンド全国化という20年にわたる国家目標が達成され，放送・通信を横断する「クラウドネットワーク」列島が完成した。
　そして，20年にわたり期待されてきたコンテンツ産業を上回る速度で成長している「ソーシャルサービス」が視聴者を利用者へと前のめりにしつつある。
　端末，ネットワーク，サービスというメディアを構成する3要素が世界規模で一斉に塗り変わるこのような状況に対応し，テレビ側から具現化する運動をスマートテレビと呼ぶと言い換えてもよかろう。

　この際に考慮すべきことは，「テレビ」のとらえ方そのものである。これまでの「テレビ」は，放送番組を受信する装置として考えられてきたが，現状でも，外付けチューナーや，放送番組のインターネット配信，録画機能，番組転送機能などの拡充により，PCやタブレットなどで幅広く番組を視聴できる機会が増えている。1つのデバイスだけでなく，トータルの視聴環境として，テレビをとらえる必要がある。
　スマート化の時代には，デバイスの本質的な違いは大きさの違いでしかなく，さまざまな機器を組み合わせて利用することになる。スマート化とは，ある意味で，機器本来の機能性，つまり「らしさ」を失わせるものなのかもしれない。すなわちデバイスのスマート化とは，たとえば電話もテレビもパソコンも境目がなくなるということである。
　これまでテレビは，1）テレビ専用端末と，2）地上波やケーブルといったテレビ向け伝送路と，3）テレビ番組で構成されていた。これからは，1）放送にも通信にも使える大型受像器，中型端末（タブレット），小型端末（スマホ）などのマルチスクリーンと，2）地上波，ケーブル，そして有線ブロードバンド，ケータイ用電波，wifiなどマルチなネットワークと，3）テレビ番組やネット上のコンテンツやソーシャルサービス上の情報などがみな組み合わさった複合的なメディア利用環境のことを指すようになる。

7 視聴スタイルの変化

テレビもスマート化を迫られる理由の1つとして，ユーザーによる映像視聴ライフスタイルが大きく変化したことが挙げられる。

まず，「時空間フリー」を求めるようになったことである。ハードディスクレコーダーが普及して，放送時間ちょうどにテレビの前に向かうことが少なくなり，編成された放送の時間的制約が弱まった。持ち歩きが可能なデバイスが普及し，かつwifiによる大量の映像を伝送することも可能となった。映像の視聴は時間と空間の制約からフリーになりつつある。

また，「コミュニティ」の形が変わってきたことである。かつてテレビは，家族だんらんの中心にあり，「月曜9時からドラマを観るから，その時間までには家に帰ろう」など，生活行動を形作る存在であった。家族でテレビを見る時間は生活習慣として定着しており，学校や職場での共通の話題としてもテレビは中心をなしていた。

しかし個人が個室にテレビを持ち始めることで，茶の間は崩れた。個人のライフスタイルも生活時間も多様化した。ネットやケータイの普及により，テレビ視聴に費やす時間が相対的に減少する一方，友人などとのコミュニケーションが活性化した。さらにソーシャルサービスの登場で，テレビなどのコンテンツをネタにしながら，つながって楽しむ習慣と，それを通じた新たなコミュニティが形成されている。

時空間フリーと新しいコミュニティの形成とを可能にするテレビ側のアプローチがスマートテレビである。家のテレビで見たドラマの続きを，通勤電車ではスマホで見て，オフィスの休み時間にPCで見るという時空間フリー視聴は，マルチスクリーンとクラウドネットワークが可能にする。

スポーツ中継をテレビ画面で見つつ，タブレットで選手のデータを確認しつつ，スマホで仲間たちとツイートし合うというコミュニティの盛り上がりは，マルチスクリーン，クラウドネットワークとソーシャルサービスの複合技とな

る。

　筆者は基本「ノマド」で，自宅と，3か所のオフィスの間をぐるぐるしており，そこにはテレビとPCが置いてある。スクリーンはマルチに存在する。でも使うときは1スクリーンだ。移動中はてぶらでかまわない。

　一方，自分の息子たちは，居間でテレビにネットをつなぎ，そのスクリーンの前でノートPCを開きつつ，スマホもいじり，3スクリーン同時利用。同僚には，PCとタブレットとスマホとガラケーをカバンに持ち歩き，電車の中でもマルチスクリーンというのもいる。人には人のマルチスクリーンなのだ。

　サービスを提供する側のアプローチは根本的な変換を余儀なくされる。これまでは，テレビ局はテレビ番組を放送網で受像器に届け，IT企業はウェブ情報をネットでPCに届け，ケータイ会社はモバイルコンテンツを携帯回線でケータイに届けていた。しかしそれでは，番組や情報やコンテンツやソーシャルサービスを，有線・無線さまざまな伝送路で，テレビやPCやスマホを同時に使いこなす個人をつかまえることが全くできない。

　放送局として，ユーザーの視聴行動をいかにつかまえるか，その総合戦略が求められる。放送業界はこれまで産業バリューチェーンから独立性を保つことができていたが，これからは，他社との分業，連携，買収，自社開発といったポートフォリオが非常に重要になる。

　広告の地合いが少し上向いてきたとはいえ，6兆円市場を奪い合うのは消耗する。課金で成功しているのはニコニコ動画やソーシャルゲームなど事例は多くないが，広告と課金のポートフォリオを組み立てざるをえまい。日本はガラケーで大きなコンテンツ市場を作ったものの，スマホへの移行で広告市場が崩れているので，再設計が必要となっている。

　それより大事になっているのがコマースだろう。2013年2月，ネット小売り40社で合計1兆円，売上に占める比率が5％になったという報道があった。2007年の日本のネット小売り／小売り全体の売上比は1.5％であったから，急拡大しているということだ。ここをどう広げるか，放送局も無縁ではあるまい。

8　日本の強みを活かしたスマート化

　スマートテレビはアメリカに端を発し，海外から押し寄せてきたうねりである。このため，これを黒船来訪とばかり騒ぎ，怯えるむきもある。また，アメリカのIT企業だけでなく，端末の製造は韓国の勢いが目立つため，日本にチャンスがないとみるむきもある。

　しかし筆者は，逆に日本はその強みや特性を活かし，世界市場に進出できるチャンスではないかと考える。理由は，(1)メディア環境，(2)ユーザー力，(3)産業構造の3ポイントだ。

(1)　メディア環境

　日本は地デジが整備され，高水準のブロードバンド網が全国整備され，放送・通信を横断するデジタル高速ネットワークが完成した。さらに，それを柔軟に使うための法制度：通信・放送融合法制も「放送法等の一部を改正する法律」という形で2011年に施行され，放送業界にとっては世界最高水準のサービスが展開できる環境となった。日本には，スマートテレビを構成するマルチデバイスと広帯域ネットワークとソーシャルサービスが十分に漲っている。

(2)　ユーザー力

　地デジ整備中に展望された新しいテレビサービスやネット配信サービスなどとスマートテレビとを対比した場合，最も際だつ特徴が「参加型」という点だ。それも，従来の視聴者参加番組のように，番組と視聴者とが相対する参加ではなく，視聴者どうしがバーチャルなコミュニティでつながりあい，コミュニケーションをたたかわせるという参加である。

　元来テレビはコミュニケーションの手段だった。茶の間にうやうやしく鎮座したテレビの周りで家族が時空間を共有する。それが1人1台になって，家庭コミュニティとコミュニケーションが分散した。スマートテレビでは，テレビ番組をネタにして，ソーシャルサービスに集うユーザーがコミュニティを作

り，コミュニケーションを活性化させる．スマートテレビは，失われた茶の間を，バーチャル空間上に再興するものかもしれない．

となると，視聴者，いや，ユーザーのコミュニケーション力がサービスの質を規定する．その点で，日本は世界でも稀な特性を示している．

2013年8月，日本テレビ系列「天空の城ラピュタ」の滅びの呪文が，秒間ツイート数14万3199件に達し，世界記録を樹立した．アニメの再放送をみんなで見ながら，つながり感を共有して，「バルス！」とつぶやく．このテレビを軸にしてソーシャルサービスで楽しむ盛り上がり感はおそらく他国の想像を超えている．

テレビ，PC，ケータイの3スクリーンを同時に使いこなす若者が大勢存在する．世界のブログで使われている言葉を総計すると日本語が英語を抑えてトップを示したという調査結果もある[2]．こうした若い世代のネット利用力はスマートテレビの発展を下支えするはずだ．

(3) 産業構造

日米のテレビ産業には大きな差がある．アメリカはプレイヤーが多様で分散している．スマートテレビをめぐる動きをみても，テレビ局以外に，ケーブルや衛星，通信会社が力を入れている．そして何より，IT系，コンピュータ系が全体を引っ張っている．逆に，地上波の放送局の存在感が薄い．これは，ハード・ソフト実質分離など過去の政策の帰結でもある．

日本のテレビは放送局が伝送路（電波）もコンテンツ（番組）もその枢要を押さえており，映像産業の中核をなしている．放送局に対する規制は緩く，新聞社と結びついた政治力もある．スマートテレビの立ち上げを促すのであれば，善し悪しではなく，この状況を活かすのが近道とも言えよう．

融合メディア環境を活かし，ユーザーのコミュニケーション力を発揮させ，放送局が力を入れてサービスを開発する．これがスマートテレビへの日本型アプローチであろう．それは日本の強みを発揮した独自のサービスでありうる．

9　マルチスクリーンという日本型モデル

日本で検討されているサービスの多くは，GoogleやAppleが提案するようなタイプ，つまりテレビ受像器をPCに変身させ，ネットのコンテンツもソーシャルサービスも大画面に同時に提示するスタイル＝「オーバーレイ」とは異なる。

スマホやタブレットを組み合わせ，小画面側でソーシャルとヒモつける＝「マルチスクリーン」というのが現在の基本的な方向である。

それは放送局の意向を反映するものだ。テレビはテレビでそのままに保ちながら，外部にサービスやビジネスを開発する。テレビ画面に集中する広告費を分散させることなく，スマホやタブレットで新しいマーケットを作りたいという姿勢の表れである。これを業界では「テレビの画面を汚さない」という言い方で表す。

すでにマルチなスクリーンを同時に使いこなす若者の情報行動スタイルを一歩進め，テレビ番組を放送局がソーシャルサービスに結びつけていく。NHK「ハイブリッドキャスト」も，在阪局の「マルチスクリーン型放送研究会」も，マルチスクリーンのサービスに注力している。

これにより，テレビの形も変わっていくだろう。スマートテレビは従来のテレビを高機能化することではなく，スマホやタブレット端末も含む，マルチデバイス環境の一環となる。テレビにネット接続の機能を付け加えるのではなく，ネットワークでつながれたメディア環境の中にテレビを組み込むということだ。

これは，多様化するユーザーのライフスタイルへテレビを適応させるということでもある。ユーザー個人の生活サイクルに合わせた映像視聴環境が成立する。これは従来型の同報性を持ったテレビ放送のみの視聴環境ではありえない。

ソーシャルメディアとの連携がより強化されることにより，コンテンツの楽しみ方自体が変化する。純粋におもしろいコンテンツを楽しむというよりも，ソーシャルで盛り上がることのできるコンテンツを楽しむようになる。

現状でも，Twitterの書き込みを選別して，放送番組内で流すケースが増えてきている。今後は制作の場でも，よりソーシャルを意識したコンテンツが出てくることが期待される。コンテンツがいかにコミュニケーションを醸成させるものになるかが重要となる。

また，日本では「ボーカロイド」のように，ユーザーがコンテンツを生み出す動きも活発であり，ユーザー発信によるコンテンツと既存の制作手法のハイブリッドで独自のコンテンツを創りあげる土壌がすでに形成されつつある。

さらに，テレビの操作方法も進化する。従来のリモコンではなくスマートフォンを使用し操作するアプリケーションも存在しているし，Xboxの「キネクト」を使用しジェスチャー操作でコントロールすることや，音声入力で操作する方法が主流になってくる可能性もある。

ユーザーの操作が画面の中のコンテンツに影響を与えるというゲームの発想，いわゆるゲーミフィケーションを取り入れた番組や，番組の中に自分の映像をキャプチャーして，オブジェクト処理して入れ込む等の拡張現実（AR）技術を使った番組制作も始まっている。スマートテレビは，上位レイヤーであるコンテンツの領域に広がることで，大きな付加価値を生み出すことができるだろう。

10　マルチスクリーンの次に来るもの

スマートテレビがクローズアップされたのはこの3年のことだ。Google TVやApple TVなど黒船の来航だった。3年前の動きは，「ITからテレビへ」の接近だった。米IT企業がテレビ受像機をネットに取り込む。だから放送業界は身構えた。

2年前にはセカンドスクリーンという日本型のスマートテレビの姿が注目された。これは「ITとテレビ」の両立作戦。テレビ受像機とIT＝スマホという

ダブルスクリーンでのサービスが期待された。

　テレビとソーシャルメディアとの連携は一層強まる。テレビ画面を見ながらスマホでチャットしたり，テレビ番組に連動したクーポンがスマホに落ちてきたりするサービスは拡充するだろう。パブリックビューイングでみんなで騒ぎつつ，スマホで応援メッセージを送るといった参加型の視聴も広がると思われる。

　しかし同時に，すでに次の段階を迎えつつある。マルチスクリーンは，テレビ，PC，モバイルの垣根をなくす。テレビが第1スクリーンでモバイルが第2，といった序列は崩れ，モバイル＝スマホが第1スクリーンの位置を占めつつある。そしてサービスは急速にボーダレス化している。それは「端末フリー」を促す。どの国のどの種類の端末でも簡単に使えるサービスが生き残る。

　それは，どんなスマホでも世界のテレビが見られることを求める。テレビ局からみれば，テレビがwifiですべてのスマホに流れることが促される。2020年の東京五輪では，世界中の旅行者が自分のスマホでwifiで日本のテレビを観る環境になっているのではないか。

　これは「テレビからITへ」の動きによって実現する。テレビ局がITをいかに使いこなすかがカギを握る。放送界にとってはチャンス到来ではないか。

　その技術も国内で着々と開発されている。

　IPDCフォーラムは2013年8月，HLS（HTTP Live Streaming）の配信実験を公開した。TBSテレビのエリア放送設備を利用し，IP放送とwifi配信の組み合わせにより，スマホのブラウザでHDTVが見られるというものだ。地上波を使った4K配信をねらっている。

　こうした技術により，デジタル放送を，放送波だけでなくwifiでもマルチスクリーンで見られるようになる。それは放送の受信機がないスマホやタブレットでも，そしてネットでつながった世界どのエリアでも視聴できるようになることを意味する。

ネットでラジオを聴取できる「radiko」が2014年4月，毎月378円でエリア制限なくサービスを受けられるようになった。radikoは2010年，放送エリアと同一の地域制限のもとで広告モデルで実験的に始まったものだが，その制限は法令によるものではなく，単に著作権処理などビジネス上の事情だった。その課題を解決し，サービス拡充が図られることになったものだ。

筆者はradikoの立ち上げ・運用に携わり，その発展を期してきた。それはラジオ受信機が家庭から姿を消し，生活に使うデバイスがPCやスマホへと傾斜する中で，ラジオという豊かなコンテンツが活かされる有望なモデルだったからだ。

テレビが同じ状況を迎えつつあるのだ。

11　リモート視聴にみる課題

スマートテレビは利用者向けのサービスを豊かにし，放送文化をさらに発展させるものだ。しかし同時に，これまでのビジネスモデルを崩す面もあり，厄介な問題も出現する。

モデルケースとして「リモート視聴」への対応を見てみよう。リモート視聴とは，テレビ受像機や録画機などで受けた放送番組を，ネットを使って遠隔地からスマホなど自分の端末で受けられるようにすることだ。

2014年2月，次世代放送推進フォーラム（NexTV-F）がリモート視聴の技術要件を公開し，そのサービス拡充が期待されるようになった。これは業界全体がIP再配信に乗り出したことを意味する。

IP再配信はこれまで，放送局や権利者の消極姿勢もあり，本格化しなかった。「まねきTV」など民間の事業者が提供するサービスに対し，裁判を通じて拒否姿勢を示してきた。放送という自らのビジネスを守ってきた。

一方，ネット映像配信はYouTubeやAppleなどアメリカ勢が主導してきた。日本の放送局にとっては，ネットによるビジネスを広げるよりも，放送ビジネ

スを守ることが重要だった。結局，IP 再配信の裁判には勝利を収め，自らのビジネスを守れたと思いきや，いずれ海外のサーバーに映像ビジネスをごっそりと奪われかねない，そのような状況を迎えている。

そうでなくても若い世代は外出先で LINE などソーシャルメディアに夢中になっている。その耳目をテレビに取り戻すのは容易ではない。今回のリモート視聴への前向きな取り組みは，現況を放送局自ら改善しようとするものだ。

しかし，問題もある。利用者からみて魅力的か，という点だ。

(1) 制約の多さ

今回の要件には利用面の制約が多い。ペアリングは宅内，有効期間は最長3か月，子機の台数は6台，同時にリモート視聴できる子機は1台，子機へのコピー／ムーブは禁止，リモート視聴以外のバナーやアイコンなどの同時表示などを行わないなど，いわばべからず集である。

すでにネットユーザーは違法アップロードされたものも含め，映像を YouTube などでマルチデバイス視聴している。正当なコンテンツ利用とはいえ，使い勝手で劣るサービスに利用者がメリットを感じるかどうか。

(2) 通信量

テレビからモバイル端末への通信量は大きい。LTE などの通信量の制限を簡単に超えてしまいかねない。利用者は躊躇なくリモート視聴するだろうか。

システム面からみても，個々のテレビ端末から個々のモバイル端末に映像を送るというのは実に非効率である。放送であれ通信（LTE, wifi）であれ，サーバーから端末に送る配信システムを上回るメリットは何だろうか。

(3) 端末コスト

どうやら日本独自のガラパゴス規格になりそうだ。それを搭載する機器のコストアップは，利用者にとって値打ちがあるものかどうか。

リモート視聴という利用者の利便性向上に一歩踏み出した関係者の努力を多としたい。こうした課題をできるだけ解消し，よりよい機能が提供されることを期待する。しかし，利用者側に正面から向き合わなければ，海外のIT企業やソーシャルメディアに市場をまるごとねらわれるという構図は解消しないだろう。

ネット対応，マルチスクリーン対応は，従来の放送ビジネスモデルを壊すおそれがある。だからといって従来のモデルに固執していても，ボーダレスのネットサービスが視聴者＝利用者を奪いかねず，対応が急がれる。そのジレンマがこうした1つ1つの事例に表れている。

12　4K・8Kとスマートテレビ

高画質テレビ規格「4K」（フルハイビジョン）と「8K」（スーパーハイビジョン）が注目を集めている。前回のCEATECやInter BEEでも高画質モデルが展示されていて，スマートテレビと双璧をなしていた。総務省は2014年夏に衛星で放送する方針を示し，先ごろはKDDIとJ:COMが4K，8Kの映像を圧縮伝送することに成功というニュースもあった[3]。

この技術とスマートテレビとはどういう関係にあるのだろうか。

4K，8Kがキレイに見せる技術であるのに対し，スマートテレビはべんりに楽しむ技術。テレビにネットをつなぐ先駆者には，1996年バンダイのピピンアットマーク，98年セガのドリームキャストがある。筆者はMITメディアラボで客員教授を務めていた当時，ドリームキャストの開発に関わったのだが，いずれの挑戦も早すぎた。ものごとには時期がある。

キレイか，べんりか。両立させられるといいのだが，資源には制約がある。放送，通信，メーカー，ソフトウェア，コンテンツ……どのセクターがどういう資源をどう配分するか，そのスピード感はどうか，がポイントだ。

地デジはキレイでべんりなテレビを実現する。ハイビジョンと，テレビの

コンピュータ化を同時に達成するものだ。それが整備されて現れた問い，「4Kかスマートか」。4Kは苦境にある日本のメーカーが再生する切り札だと唱える人もいる。総務省も期待している。ただ，筆者はスマートが先だと考える。

　地デジでとりあえずテレビはキレイになった。多くの家庭がテレビ受像器を買い換えた。そこですぐもっとキレイな4Kと言われても，というのが実態だろう。さらにケーブル配信業者に聞くと，高精細HDの伝送は25％に過ぎず，旧来のSD画像がまだたくさんあるという。さらなる高精細のニーズは本当にあるのだろうか。高精細にしても広告が増えないことは経験済みで，ハイビジョンの頃と異なり，銀行もメーカーも弱っている中で，どう資金を投下するかも課題となる。

　これに対し，地デジでべんりになったかというと，まだ達成できてはいない。デジタルならではのおもしろいサービスが開発されているとは言えない。その部分は，スマホやタブレットが単騎でニーズをくみ取っている。テレビとスマホを組み合わせて豊かなサービスを作り，テレビ広告以外の新ビジネスを組み立てる。こちらは次の市場とニーズが見える。

　一方，筆者はデジタルサイネージやオープンデータの推進役であり，その立場としては，4K，8Kに強く期待している。ビジネスはこの業務用から立ち上がるだろうし，有望だと思う。スマートテレビ「放送」より業務4Kのほうが早いかもしれない。サイネージが超高精細を欲しがっているのは当然であり，その表示技術も伝送技術もできてきた。課題だったコンテンツも，この数年でずいぶん充実している。
　より切実なニーズがあるとすれば，映像のビッグデータ活用ではなかろうか。監視カメラに写るデータを，目視ではなく機械システムとして抽出，処理，分析できるほどの精細な映像を得ることができれば，利用は面的に広がる。8Kのような超高精細の映像は，人間より機械のほうがより強く欲しているのではないか，と感じる。

4Kにしろスマートにしろ，国際的な新ビジネスを創出する方向での政策展開を望む次第である。

13　課題

課題も多い。技術，コンテンツ，制度，経営の4点が挙げられる。

　まずは技術面の課題を解決しなければならない。テレビの動画とタブレットの情報を同期させる技術が第1のポイントだ。たとえば放送で送る映像と，通信でタブレットに送るデータの双方を同時に表示させる。NHK「ハイブリッドキャスト」は，地上／BSデジタル放送に合わせて，インターネット経由で放送と連携した情報を提供するのが特徴であり，両者の同期技術に注力している。

　一方，放送の電波を使ってIPを重畳するIPDCも有望な技術として注目を集めている。放送，通信，メーカー，ソフトウェアなど40社からなる「IPDCフォーラム」が2009年から規格化を進めている。

　IPDCのメリットは，通信では難しい一斉同報性だ。既存の地デジ設備にそのまま乗ることができるのが強みである。遅延がなく精緻で本格的な同期制御が可能となる。すでにmmbiのファイル配信やサイネージへの動画配信に実用化されている。放送局が自社の電波ですべての配信を管理できるので，放送主導の日本型スマートテレビに適した方式と言えよう。

　IPDCには日本の放送方式を採用するブラジルも関心を寄せており，現在，共同開発に向けて協議が行われている。

　そして，コンテンツ制作面の課題だ。マルチスクリーンを前提とした番組作りの手法は，世界的にも放送人の重要テーマになる。ソーシャルサービスを使いたくなる番組というのは，どのようなものだろうか。そのマルチスクリーン・コンテンツを作る主体は，テレビ局，ウェブ制作者などどこがふさわしいのか。

タブレット上のCMは，本放送のCMと違っていてもよいのだろうか。新しい領域を切り開く愉しさを伴う課題である。

しかし，制約もある。テレビの画面については，業界団体ARIB（アライブ）によって，放送番組と別のコンテンツを同じ画面上に混在させて表示することが禁止されている。スマートテレビではどうなるのだろうか。

スマートテレビでは，ネットへの接続が前提となるため，これまで以上に正確な視聴の履歴を把握できる。サンプルの視聴率ではなく，いつ，誰が何を見たのかという正確な情報をつかむことができる。

これを企業はマーケティングデータとして活用することができるし，ユーザーにとっても，リコメンドなどの新たなサービスを受けることができる。現在はこの効果指標として視聴率が用いられているが，インターネットの世界観が入ってくるということは，同様にエンゲージメントの効果をどう考えるかも論点となる。

そして何より，さまざまな機器が連携して映像視聴を楽しむということは，テレビだけでは視聴者の行動を追えないことを意味する。新たな映像視聴の指標も議論する必要があろう。ソーシャル視聴についても，コメントの盛り上がりを測定して可視化することが可能であり，視聴の「質」も含めた，新たな指標作りが焦点となりそうだ。

制度問題もある。たとえばコンテンツの責任の所在である。放送コンテンツは放送局が法的責任を負うが，通信コンテンツは表現の自由が大原則で，発信者に介入ができない。となると，放送局が送る番組に通信でオーバーレイした情報が問題を引き起こしたら，その画面の責任はどこが負うのかが問われる。

著作権も課題となる。放送コンテンツと通信コンテンツでは著作権法上の取り扱いが違う。放送コンテンツとする場合には比較的柔軟に処理できるが，同じコンテンツを通信で流そうとすると改めて権利者の許諾を要する。地デジネットワークやブロードバンドなどを混合して伝送する場合，その処理をどうするのか，厄介な問題となる。

また，日本では著作権の観点から，クラウド視聴サービスについて，番組転送機器のホスティングサービスを展開してきた「まねきTV」が裁判で違法となったこと等から，何が可能で何が不可能なのかが見えにくくなっている。
　プライバシー保護も考えなければならない。現在，スマホの分野を中心に，利用者の個人情報をどこまで取得してよいのかというプライバシー問題が論じられており，総務省がガイドラインを発表している。スマートテレビにおいても，同様の問題が出てくることが考えられる。

　それ以上に重い課題は，そういう新しいサービスを進める「経営判断」である。日本が置かれた現況，メディアの世界動勢を見据え，これをピンチととらえるのか，チャンスと見るのか，それを踏まえ，スマートテレビに対して前に踏み込むのか，やり過ごそうとするのか，その腹づもりが最も問われる事柄であろう。
　放送業界が横並びで成長できる時代はとうに過ぎ，ダイナミックな構造変化にどう立ち向かうかの重大な局面がやってきている。それを迫るキーワードがスマートテレビである。PCやケータイに代表されるデジタルメディアが本格的に放送を襲うようになるまで，20年の猶予が与えられていたということかもしれない。
　それは同時に，視聴者＝ユーザーに対して，これまでにない新たな価値を提供できる時代がやってくるということであり，苦境に立たされているハード・ソフト双方の「テレビ」にとって，チャンスがやって来ているということでもあろう。新たなサービスの創出に向けて，力強い取り組みが期待される。

14　五輪に向けて

　2020年。世界中の人々が日本発信のスポーツ番組を見る。世界中の人々が来日して，日本で番組を見る。そのときテレビはどうなっているのか。どうなっ

ているべきか。

街中にある大型スクリーンでみんなでライブビューイングに熱狂しながら，手元のスマホで選手の詳しいデータや別アングルからの映像を見ている。

どの国の人が持つどのスマホでも，全種目の競技をライブで見ることができる。

そのようなことが実現されているだろうか。

筆者は2014年から，東京都港区・竹芝地区に「コンテンツ産業集積地」を形成するプロジェクトを推進する。東京都の土地1.5haを都市再生に向けて民間活用する。コンテンツやITに関する1）研究開発・人材育成，2）国際産業支援のための拠点を建設し，2019年にオープンさせる予定だ。

オリンピックに向けて街づくりのグランドデザインを描くことになる。国際的なデジタルのショーケースとなり，開催中も活躍し，その後もインフラとして役に立つ場にしたいと考えている。

竹芝地区完成予想図

この街ができるころには，スマートテレビは完成しているだろう。日本型のスマートテレビを完成させ，世界中の人たちをおもてなししたい。
　いや，この街はもう「ビヨンド・スマート」を目指すことになるのだろう。マルチデバイス，クラウド，ソーシャルのスマート革命は姿が見えている。その次，次の次をどう作るか。その拠点にしたい。放送界はじめ，関係業界と連携して，日本の底力を発揮していきたい。

（中村　伊知哉）

◆注◆
1）年末年始に慶應義塾大学大学院メディアデザイン研究科＋一般社団法人融合研究所が行うネット投票の結果。2013年の投票数は，6118票。
2）米 Technorati 2007年4月19日の記事より。
3）出典：2013年2月6日，株式会社ジュピターテレコム・KDDI株式会社・株式会社KDDI研究所ニュースリリース。

第2章
テレビの世界にイノベーションを起こそう
～ネット活用による新しいテレビ・ビジネスの
　創造に向けて～

1　急速に進み始めたテレビ業界のネット活用

　テレビ業界のネット活用が急速に進み始めた。ネット側主導の取り組みを極度に警戒し，どちらかと言うとネット活用に後ろ向きであった数年前の雰囲気が信じられないくらいの変化である。しかも，わが国における多くの取り組みは，テレビ側が主導し，ネット側がサポートに回っている。テレビ業界にどのような変化が起こっているのだろうか。その本質は？　そして，今後，テレビはどのような方向に変わるのだろうか。
　その答えは，まだわからない。しかし，世界の動向を見ていると，ネット利用の拡大に伴い，いつでも，どこでも，気に入った番組を視聴する新しい習慣が拡大しており，テレビ側の危機感が高まっている。評価や口コミ，「おすすめ」などを参考にして視聴する番組を選択する，番組制作者との対話を期待するなど，ネット利用に伴い変化した視聴者の行動様式と認識への対応も必要となっている。このような危機感と変化への対応が，テレビ業界のネット活用を加速している。この章では，テレビのネット活用の動向とネット活用から得られる価値の本質について分析し，今後，テレビ局が取るべき行動を示唆することにする。

2　テレビにおけるネット活用

2-1　ネット活用の新しい流れ

　テレビにおけるネット活用と言えば，視聴者がいつでも好きな時に映像コンテンツを視聴できる「ビデオオンデマンド（VOD）」サービスが主流と考えられていた。しかし，2013年は，テレビ業界主導によるネット活用に関する興味深いニュースが続き，これとは明らかに異なる流れが始まった。

　たとえば，日本テレビは「金曜ロードSHOW！」で，ソーシャルメディアの活用に成功している。2013年8月2日に放送された宮崎駿監督の名作アニメ「天空の城ラピュタ」で1秒あたりの瞬間ツイート数が14万3199ツイートを記録したが，これはそれまでの最多記録の4倍以上にあたる。平均視聴率は18.5%（ビデオリサーチ調べ，関東地区。以下同じ）で，前回放送（2011年12月）の15.9%を2.6%上回った。

　最終回の平均視聴率が42.2%だったTBSの連続ドラマ「半沢直樹」，それからNHKの連続テレビ小説「あまちゃん」もソーシャルメディアで盛り上がり，それが視聴率をかさ上げしたと言われている。2013年はテレビ業界がソーシャルメディアのパワーを認識し，その本格的な活用を始めた年になったのである。

　スマートフォンの活用も進展した。TBSの参加者体験型ゲームイベント番組「リアル脱出ゲームTV」は，スマートフォンで番組に参加し，クイズを解くと番組がもっと楽しくなる仕掛けを作った。2013年8月14日に放送した第3回では，参加者総数が172万人，総アクセス数650万を記録している。

　テレビ東京のサッカーを題材にした対談番組「FOOT×BRAIN」では，スマートフォン・アプリの利用により番組マイルを貯める仕組みを導入し，マイル数に応じた特典を提供している。また，「サッカーキング」などウェブ上で提供されているいくつかの「サッカーニュースまとめページ」とも連携している。スマートフォンと連携し，サッカーファンを番組に引き込もうという仕掛けである。

　ホームページやYouTubeとの連動も進展した。テレビ朝日の「お願い！ラ

ンキング」では，グルメや旅，アイドル，ヒット商品などさまざまなジャンルについてオリジナルランキングを発表しており，その情報をホームページで参照できるようになっている。ランキングで上位になった商品などは話題になるので，それが視聴者にとっては大きな魅力となっている。

　シェアハウスで同居する男女6人の共同生活に迫った番組であるフジテレビの「テラスハウス」は，YouTubeで大ヒットしている。2014年3月13日時点で動画再生回数が1億3600万回を突破し，Googleでは「アジアパシフィックで最も成功した動画」との評価を勝ち得ている。Twitterの同番組公式アカウントのフォロワー数は45万人，Facebook公式ページの「いいね！」ファン数も13万6000人を突破している。「2013年Yahoo！検索ワードランキング」のテレビ部門では，「半沢直樹」「あまちゃん」に続く第3位になっており，インターネットに親和性の高い若者層をテレビに呼び込む仕掛け作りに成功したと言える。

　ホームページの目玉として動画コンテンツを活用する取り組みも始まっている。2013年1月10日，衛星放送のWOWOWがテニスの専門雑誌「テニスマガジン」と共同で，テニスの総合サイト「THE TENNIS DAILY」を立ち上げた。サイトの売り物は4大トーナメントを含む国内，海外のテニス大会の動画コンテンツの配信。動画を核に，テニスファンをホームページに呼び込む仕掛けを作ったのである。

■ 2-2　ネット活用のパターン

　以上，代表的な取り組みのみを挙げたが，これらの取り組みは【図表1】に示すように，2つの軸により4つのパターンに整理分類できる。1つ目の軸は価値に着目し，番組そのものの価値を追求する場合と番組から派生する価値を追求する場合に分けた。もう1つの軸は価値創造の時間に着目し，リアルタイム型とデマンド型に分けた。

　リアルタイム型で番組価値を追求するのは「番組価値強化型」，リアルタイム型で番組から派生する価値を追求するのは「番組派生価値追求型」，デマン

図表1　放送におけるネット活用の分類

	番組そのものの価値を追求	番組以外の価値も追求
リアルタイム型	番組価値強化型 ―ネットで集めた視聴者の声を番組に反映，視聴者参加促進 ―番組ホームページ，SNSなどの活用で番組を活性化 ―ウェブ，SNS，動画投稿サイトなどを活用し，番組の存在を視聴者にアピール	番組派生価値追求型 ―追加情報，詳細情報の提供により視聴者に利便性提供（テレビとウェブの連携による広告効果の増大） ―個々の視聴者理解の促進により，個々の視聴者ニーズを踏まえた対応の実現
デマンド型	VOD型 ―見逃し視聴ニーズへの対応 ―番組選択による視聴ニーズの多様化対応 ―個々の視聴者理解の促進により，個々の視聴ニーズを踏まえた番組のおすすめ	集客効果期待型 ―映像コンテンツの集客力をサイトのアクセス増加に活用 ―特定顧客層向けコンテンツの提供や対話による顧客満足度の向上

ド型で番組価値を追求するのは「VOD型」，デマンド型で派生価値を追求するのは「集客効果期待型」と名付けよう。

　番組価値強化型の典型的な例は，「金曜ロードSHOW！」のようにソーシャルメディアを活用するものである。良い番組があっても，その存在を知らない人は多い。ソーシャルメディアで話題になることにより，潜在的な視聴者が実際の視聴者に変わり，番組の視聴率アップという形で番組価値の強化に結びつくのである。この型には，ネットで視聴者の声を集め，番組に反映する取り組みや潜在的な視聴者が見ている可能性が高いサイトと連動する取り組み，動画投稿サイトを活用する形で，番組の固定ファンを増やす取り組みなどが含まれる。

　番組派生価値追求型の典型的な例は，旅番組で紹介した宿や飲食店の詳しい情報を番組ホームページで提供し，興味を持った視聴者の利便性向上と番組に協力した者のビジネス機会拡大という視聴者側と情報提供者側双方の価値創造につなげる取り組みである。この型には，スマートフォンやホームページに追加情報や詳細情報を提供し，視聴者の求める情報ニーズに応える方法や，視聴者一人ひとりに対する理解を深め，個々の視聴者ニーズを踏まえた「おすすめ」を提案するなど，カスタマイズ型の取り組みが含まれる。

　VOD型には，見逃し視聴ニーズへの対応，時間や場所に制約されない視聴

ニーズへの対応などが含まれる。そして，集客効果期待型には，映像コンテンツの集客力をウェブビジネスの拡大に利用する取り組みなどが含まれる。以上4つの型のいずれの場合においても，さまざまなデータを収集・集積し，それらを分析・活用することにより，視聴者の意識や反応のより正確な把握が可能になり，その情報を活用し，潜在的視聴者層を明確化する，視聴者ニーズに応える番組を制作するなどの形でテレビの価値向上を図ることができる。

3 ネット活用の価値

3-1 急速に変化したネット活用の価値

　テレビ局におけるネット活用は，2-1で述べたようにVOD型だけでなく，番組価値強化型や番組派生価値追求型に属する取り組みが急速に台頭している。ネット活用により，
・テレビを盛り上げ，テレビに誘導する
・ネット連動でテレビ視聴に関連する情報をネットで提供し，テレビの価値を高める
・視聴者を深く理解することにより，ネット連動で一人ひとりの視聴者に適した広告を行う
・視聴者の反応を収集・分析し，テレビ番組の制作に反映する
・ネット連動で視聴者参加型のテレビ番組を制作する
などのメリットが次第に理解されてきているのである。
　また，特定分野の顧客を対象とする集客効果期待型についても，一定の効果があることが認識されている。3-2, 3-3では，ネット活用の価値の本質について考察する。

3-2　VODサービスの価値はカスタマイズと視聴者層の若返り
　VODサービスでは，いつでも好きな時に，提供されている多くの映像コン

テンツの中から選んだコンテンツを視聴することができる。視聴者に視聴する時間の自由と視聴するコンテンツの選択という価値を与えるサービスである。

VOD事業の代表例は，全世界で4143万人の会員（2013年末の有料会員数）を擁する米国のネットフリックスである。同社が映画やテレビ番組のネット配信を始めたのは2007年。月額7.99ドルの支払いで，映画を中心とする数多くのコンテンツの中から，いつでも見たいものを選んですぐに見ることができる。【図表2】に示すようにネットフリックスの事業は急拡大し，2013年の売上高は4375百万ドル，純利益は112百万ドルに達している。日本円でそれぞれ4462億円と114億円である（1ドル102円で換算，以下同じ）。

VOD事業は急成長しているが，1加入者当たりの収入は年間で1万円程度。収入を増やすには，多くの加入者を集める必要がある薄利多売のビジネスである。しかも，収入の対象となる顧客は一般消費者。一般消費者向けのビジネスは，広報や営業の手法，顧客行動の分析法，苦情処理の対応などが法人向けの

図表2　ネットフリックス社の売上高・純利益，会員数の推移

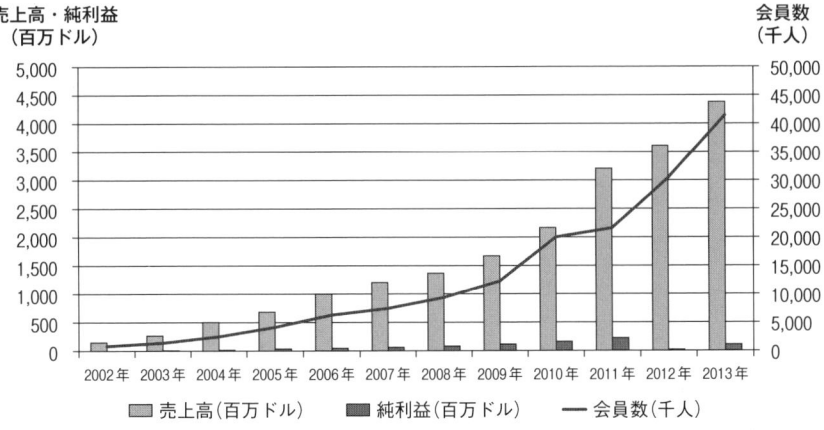

注：　2010年までの会員数はDVD会員の数とストリーミング会員の数の合計。但し，DVD会員とストリーミング会員の両方に加入の場合は重複カウントは行わず。2011年からの会員数はストリーミング会員（有料）の数のみカウント

【出典】ネットフリックス社ホームページのIR資料（SEC Filing）

ビジネスと異なっており，放送局のビジネスとは異なる能力が求められる領域である。どちらかというと，ネット事業者の方が手慣れており，しかも彼らの他のビジネスと相乗効果を発揮しやすい領域のビジネスである。

特に，数多くの映像コンテンツの中から視聴者の好みそうなコンテンツを選択して「おすすめ」するには，多くの視聴者のコンテンツ検索履歴や視聴履歴などの行動履歴データを収集・集積し，これを分析することにより自動的に「視聴パターン」を見つけ出す必要がある。また，視聴者が「おすすめ」をおせっかいだと感じず，メリットだと感じるテクニックも必要である。このような「おすすめ」を実現するには，相当量のデータ蓄積に基づいた視聴者一人ひとりの行動や嗜好へのカスタマイズが必要であり，また，このカスタマイズは，他のビジネス領域のデータ分析結果と相乗することで，より効果的になると考えられる。

放送事業者の中でVODサービスに最も成功していると言われている者のひとつは，英国放送協会（BBC）である。2007年にiPlayer[1]という名称のサービスを開始し，アクセス数（BBCはリクエスト数と言っている）は，【図表3】の左図に示すように，2014年1月の1か月間にテレビだけで2億4200万回に達している。2013年1月に比べ14％増加し，1日当たり約781万回である。

VODサービスのリクエスト数は，テレビの視聴者数に比べると少ないが，無視できないレベルに達している。2014年1月の数字で見ると，テレビ視聴のピークである21時頃の視聴者数は2780万である。一方，BBCのiPlayerの視聴のピークはやや遅い22時頃で，リクエスト数は64.9万である。この数は，テレビのピーク視聴者数の2.3％であるが，英国の人口が6370万人（2012年6月末）であることを考えると，iPlayerだけでピークの時は人口の1％を超えるレベルに達している。

非常に興味深いのは，その内訳である。【図表3】の右図に示すように，2012年1月時点では，コンピュータ経由のアクセスが58％，タブレットが7％，モバイル機器が6％であったのが，2年後の2014年1月時点では，コンピュータ経由のアクセスが29％，タブレットが27％，モバイル機器が18％になって

図表3　BBC iPlayer サービスへのデバイス別リクエスト数推移（テレビ）

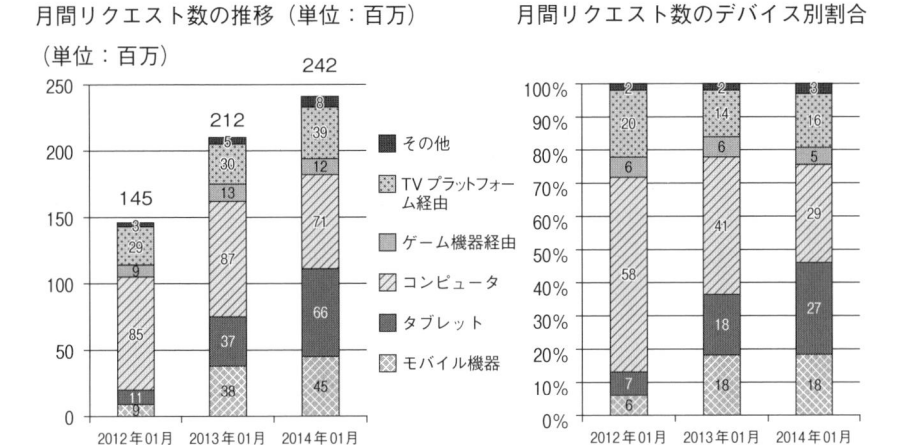

月間リクエスト数の推移（単位：百万）　　　月間リクエスト数のデバイス別割合（単位：百万）

凡例：その他／TV プラットフォーム経由／ゲーム機器経由／コンピュータ／タブレット／モバイル機器

注：その他は，インターネット機能付きテレビ（外部接続機器を含む）と不明分の合計
　　TV プラットフォームは，Virgin Media, Sky, BT Vision 経由の合計

【出典】BBC iPlayer Monthly Performance Pack　January 2014 及び January 2013, BBC Communications.

いる。コンピュータが29ポイント減少し，その代わりにタブレットが20ポイント，モバイル機器が12ポイント増加したのである。時間や場所の制約なしに，好みの映像コンテンツを視聴したいというニーズを有する者が相当数存在するのである。

また，【図表4】に示すように，視聴者層の分布は16-34歳の層が38％，35-54歳の層が39％と，通常のテレビ視聴と比べそれぞれ7ポイントと5ポイント多くなっている。通常のテレビ視聴に比べ，視聴者層分布が若返っているのである。すなわち，BBCの統計からうかがえるのは，より若い層がVODサービスという形でテレビ番組を視聴するという事実である。

テレビ局にとっては，データ活用により視聴者一人ひとりに向き合うことを可能にするカスタマイズと視聴者層の若返りこそがVODサービスの価値だと言える。

第2章　テレビの世界にイノベーションを起こそう　　45

図表4　iPlayerとテレビの視聴者層の比較（2013年第3四半期）

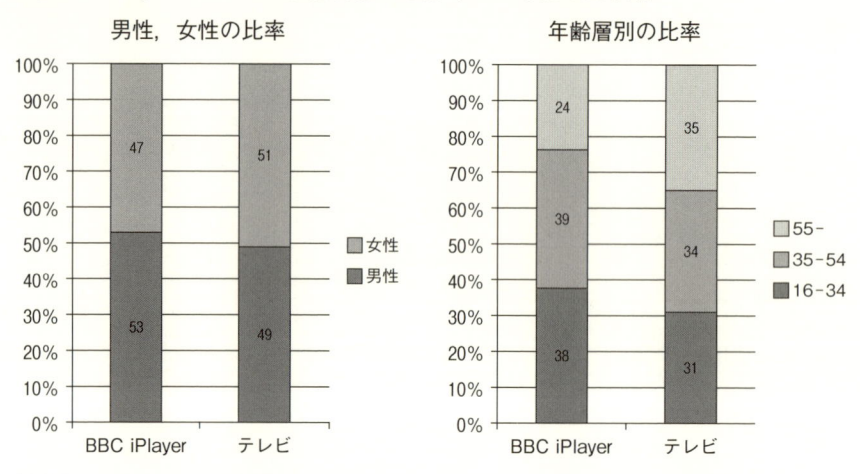

男性，女性の比率　　　　　　　年齢層別の比率

BBC iPlayer: 男性53, 女性47　　テレビ: 男性49, 女性51

BBC iPlayer: 16-34が38, 35-54が39, 55-が24　　テレビ: 16-34が31, 35-54が34, 55-が35

【出典】BBC iPlayer Monthly Performance Pack　January 2014, BBC Communications.

3-3　ネットによる番組価値強化と番組派生価値追求の意味

　テレビの持つマス効果をより高いものとするため，ネットを活用し，視聴者との距離をより近くする，広告の効果がより上がるようにする，媒体価値を高くするなどの取り組みは，伝統的なテレビ局のビジネスモデルと親和性が高い。ネットによる番組価値強化や番組派生価値追求の取り組みが，テレビ局主導で進んでいるのは，まさに従来のテレビ局のビジネスモデルの延長線上にある取り組みだからである。

　この取り組みは，民間テレビ局の重要な収入源である広告市場の変化という観点から考えると重要な意味を持つ。ネット利用が進んでいる米国で，メディア関連などの記事を出版しているMarketingCharts社の予測によると，米国のテレビ広告は2012年の638億ドル（6.4兆円）から2017年の816億ドル（8.2兆円）へと，年率5％で拡大する。ちなみに，インターネット広告は，2012年の366億ドル（3.7兆円）が2017年には694億ドル（7兆円）へと，年率13％を超えて拡大する。テレビ広告は堅調な，一方のインターネット広告は急速な成長を予想しているのである。

日本でもテレビ広告費は巨大で，2013年で1兆7913億円である。しかし，米国と違い市場規模は横ばい状態である。この市場が番組価値強化や番組派生価値追求の取り組みにより堅調に拡大する市場に変わるのであれば，これはテレビ局に大きな価値をもたらす。年率5％の成長を仮定すれば，それだけで年間900億円の価値が生まれるのである。

　しかも，番組価値強化や番組派生価値追求の取り組みは，今までテレビ局が苦手としていたインターネット広告の取り込みにつながる可能性がある。日本のインターネット広告費は，2013年で9381億円。前年からの伸び率は7.7％である。わが国でもインターネット広告費は急速に大きなものとなっており，最近多少鈍化しているものの，他の広告媒体と比べ高い成長率を維持しているのである。

　もちろん，ネット活用による新たな価値創出という観点で考えると，広告だけが重要なのではない。番組本来の価値創出という点でも極めて重要である。この点に関しては，災害放送におけるNHKの取り組みに注目すべきである。

　NHKでは，報道する地域に偏りがないか，あるいは取材漏れの地域がないかなどの課題について，放送した内容とツイートなどのソーシャルメディア情報をデータ分析し，効率的な確認ができるかどうかの検討を行っている。広域災害の場合は，人手で短時間のうちに報道内容やすべての被災地情報を把握するのは困難であることから，関連データをコンピュータで分析することにより，この状態を改善しようという試みである。ネット活用により報道のレベルアップや公正性の確保を考えているのである。公共放送を担う機関としては，まさに必要な取り組みである。

■ 3-4　特定の顧客層を対象とした価値の創造

　特定分野の映像コンテンツの視聴需要を取り込み，ビジネスを展開している衛星放送やCATVでは，マスを対象とする地上波テレビ放送とは少し異なるネットの活用法がある。2-2で述べた「集客効果期待型」のネット活用がそのひとつである。

映像コンテンツは，そのコンテンツに興味を有する特定の顧客層に対し強い吸引力を持つ。ホームページの目玉としての役割を果たすのである。WOWOWがテニスの専門雑誌「テニスマガジン」と共同でテニスの総合サイト「THE TENNIS DAILY」を立ち上げているのは，これをねらったものと考えられる。

　同社は，2012年12月21日付の報道資料で『「知る」「読む」「観る」「調べる」「楽しむ」，そして「参加する」というテニスに関する全てのニーズを叶える新しいメディアを作ります』と宣言しているが，まさに，テレビ，ウェブ，そしてリアルな世界を相互につなぐことで，ウェブアクセスの増加を実現するだけでなく，WOWOWに対するテニス愛好家の好感度アップを実現するツールとしてネットを活用しているのである。

　WOWOWは，もうひとつ興味深い取り組みを行っている。それは海外ドラマの最新情報を提供する「海外ドラマNAVI」の運営である。海外ドラマの放映情報や海外ドラマに関連するさまざまな情報を集積し，海外ドラマの愛好家にとって，魅力的なサイトになっている。サイトへのアクセスを通し，WOWOWが放送する海外ドラマの視聴を増やそうという試みである。

　ウェブの世界にはすでに多くのサイトが存在し，ブランドを確立し終えた大手サイトも多いので，これからメジャーなサイトを一から構築するのは骨が折れ，かつ，リスキーな作業である。しかし，特定の顧客層を対象とする専門サイトの構築は比較的容易である。このようなサイトにおいて，映像コンテンツを集客手段として活用する，あるいは，テレビ番組とサイトの相乗効果で視聴者の情報ニーズや視聴ニーズを満たすなどの取り組みが可能で，それが新たな価値の創出にもつながる。

　特定の顧客層を対象に，テレビとウェブとリアルの世界を行ったり来たりする仕組みを創ることで，新たな価値を生み出すことが可能なのである。

4 テレビ局は何をすべきか

4-1 進化する視聴者への対応

　テレビ局は，10年後の2024年の視聴者像を考えなければならない。インターネットやパソコンが当たり前の世代である「76世代[2)]」が，2024年には48歳となり，テレビ視聴者層の主力であるF3，M3目前の年齢になるのである。F3，M3は日本における視聴者層の区分例で，F3は50歳以上の女性視聴者，M3は50歳以上の男性視聴者を意味する。10年後のF3，M3の視聴者像は，現在のF3，M3とは異なる特徴を持つ可能性があるのである。

　しかも，若い世代ほどテレビ離れが激しい。そもそもテレビや紙媒体の新聞を必要とせずに育ってきているのである。【図表5】に示す博報堂DYメディアパートナーズのメディア環境研究所の「メディア定点調査2013」によると，男性では15〜19才，20代，30代，女性では15〜19才，20代で「パソコンからのインターネット接続＋携帯電話からのインターネット接続」の時間がテレビと接触している時間より長くなっている。

　20代男性ではテレビとの接触時間が108.4分に対し，パソコンからのインターネット接続が111.3分，携帯電話からのインターネット接続が96.5分と，インターネット接続の時間が2倍となっている。一方，テレビとの接触時間が一番長い50代女性では，テレビとの接触時間が213.6分，パソコンからのインターネット接続が46分，携帯電話からのインターネット接続が13.7分であり，テレビとの接触時間は20代男性の2倍となっている。メディアとの接触時間の合計は，年代を問わず6時間程度なのだが，選択しているメディアが激変しているのである。

　10年後はインターネットとテレビの媒体価値が逆転し，インターネットの媒体価値がテレビより高くなる可能性がある。では，テレビの媒体価値の低下は避けられない現象なのだろうか。米国の例を見ると，テレビ番組のネット配信を通しテレビのおもしろさに気付いた若年層が，テレビ視聴を始めた例も結構あるようである。若年層には，「新たな」メディアとして，テレビの媒体価

図表5　メディア接触時間・性年齢別比較（東京地区）

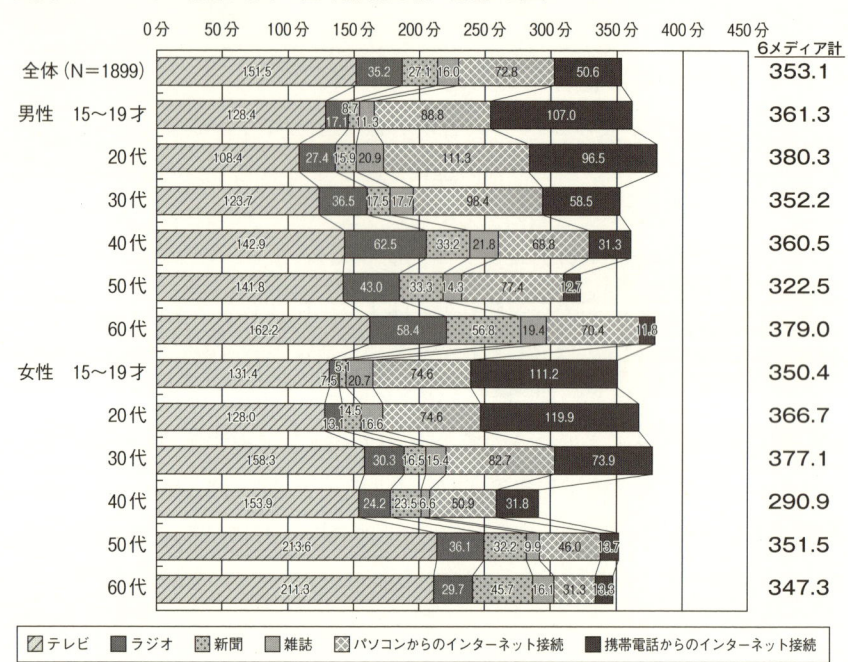

	テレビ	ラジオ	新聞	雑誌	パソコンからのインターネット接続	携帯電話からのインターネット接続	6メディア計
全体（N=1899）	151.5	35.2	27.1	16.0	72.8	50.6	353.1
男性　15〜19才	128.4	8.7	17.1	11.3	88.8	107.0	361.3
20代	108.4	27.4	15.9	20.9	111.3	96.5	380.3
30代	123.7	36.5	17.5	17.7	98.4	58.5	352.2
40代	142.9	62.5	33.2	21.8	68.8	31.3	360.5
50代	141.8	43.0	33.3	14.3	77.4	12.7	322.5
60代	162.2	58.4	56.8	19.4	70.4	11.8	379.0
女性　15〜19才	131.4	5.1	7.5	20.7	74.6	111.2	350.4
20代	128.0	14.5	13.1	16.6	74.6	119.9	366.7
30代	158.3	30.3	16.5	15.4	82.7	73.9	377.1
40代	153.9	24.2	23.5	6.6	50.9	31.8	290.9
50代	213.6	36.1	32.2	9.9	46.0	13.7	351.5
60代	211.3	29.7	45.7	16.1	31.3	13.3	347.3

【出典】博報堂DYメディアパートナーズ　メディア環境研究所
『メディア定点調査2013』（2013年6月10日）

値をブランドし直す必要があるのではなかろうか。それも従来のテレビではなく，ネット配信やソーシャルメディア，モバイルなどを活用する新しいテレビとしてである。

　ソーシャルメディアの活用は，日本でも若年層に有効と考えられる。【図表6】に示すように，ソーシャルメディアとの接触時間が長いのは若年層だからである。現実にもソーシャルメディアでテレビ番組が話題となるケースが多くなっており，視聴者主導で連携が進んでいる状態である。もちろん，テレビ局主体で連携を進める仕組み作りも進んでいる。テレビ画面やスマートフォン上でFacebookやTwitterを利用できるようにした日本テレビの「JoinTV」はその一例である。

図表6　ソーシャルメディア　性年齢別比較（東京地区）

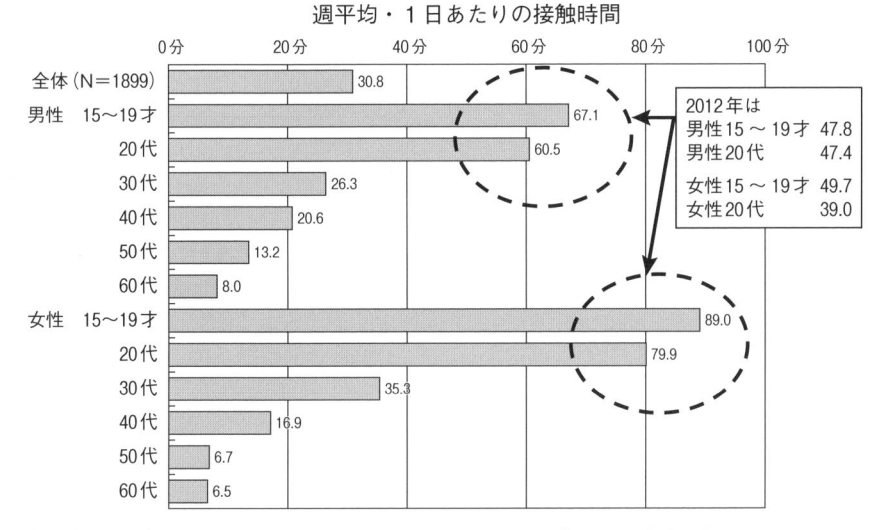

週平均・1日あたりの接触時間

	接触時間（分）
全体（N=1899）	30.8
男性　15〜19才	67.1
20代	60.5
30代	26.3
40代	20.6
50代	13.2
60代	8.0
女性　15〜19才	89.0
20代	79.9
30代	35.3
40代	16.9
50代	6.7
60代	6.5

2012年は
男性15〜19才　47.8
男性20代　　　47.4
女性15〜19才　49.7
女性20代　　　39.0

【出典】博報堂DYメディアパートナーズ　メディア環境研究所『メディア定点調査2013』
（2013年6月10日）に『メディア定点調査2012』のデータを筆者の方で加筆

　このようなテレビの新しいブランディングには，10年単位の長い時間が必要である。しかし，テレビ局はこれに真剣に取り組む必要がある。今，このような取り組みを行うか否かで，10年後のテレビの媒体価値が大きく変わる可能性が高いからである。

■ 4-2　進化する広告主への対応

　ネット活用で，マーケティング手法が急速に変わっている。米国の経営学者で現代マーケティングの第一人者であるフィリップ・コトラーは，マーケティングの変化について次のように述べている。
・「作って売る」から「顧客の嗜好やニーズを感知して対応する」へ
・「マス・マーケティング」から「カスタマイズド・マーケティング」へ
・売ることが重要なのではなく，売ったあとのフォローが重要
・「お客さまを維持する」「対話する」

ネット活用により，これらのことが昔とは比べものにならないくらい容易に，しかもあまりコストをかけずにできるのである。
　顧客獲得は，一般に【図表7】に示すプロセスで進む。このような過程の中で，現在はネットやデータ分析を活用し，消費者の嗜好や行動をさまざまな形で把握することができ，しかも，インターネットやスマートフォンを使い市場調査を短期間で安価に行うことが可能となっている。マーケティング手法のイノベーションにより，テレビ局の収入源である広告主が進化しているのである。
　進化した広告主は，テレビ番組やテレビ広告をどのような機能を持つメディアと理解しているのだろう。それをイメージすると【図表8】のようになる。テレビ番組やテレビ広告をインプットと考えると，広告主にとってそのアウトプットはブランドの確立であり，消費者による商品の購入である。このインプットからアウトプットに至る視聴者の行動を観測できるようになっている。昔と違って，テレビ番組やテレビ広告の効果，視聴者のライフスタイルによる反応の違い，商品を購入するか否かの判断の背景などをかなり詳細に知ることができるようになっているのである。これが可能になったのは，ネット上の行動履

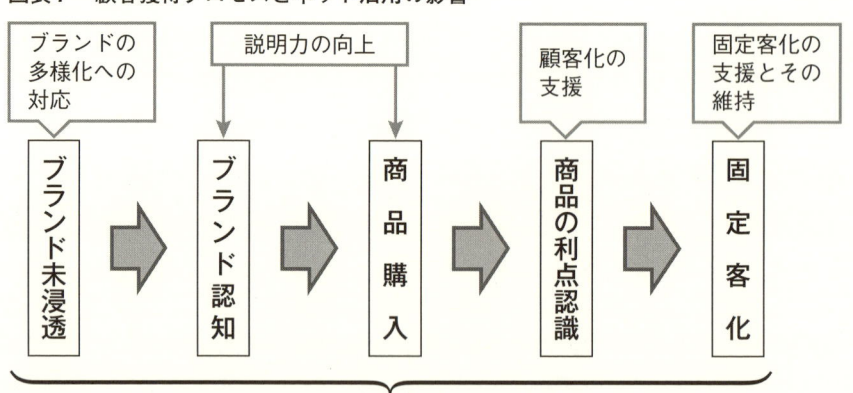

図表7　顧客獲得プロセスとネット活用の影響

ブランドの多様化への対応 → ブランド未浸透 ⇒ 説明力の向上 → ブランド認知 ⇒ 商品購入 ⇒ 顧客化の支援 → 商品の利点認識 ⇒ 固定客化の支援とその維持 → 固定客化

テレビ広告を起点に，「セカンドスクリーン」，「クチコミサイト」，「メルマガ」などネット活用により，消費者の嗜好や行動を把握。集積した顧客の行動履歴データを分析，活用し，最適なマーケティング手法を選択。

図表8　テレビ番組やテレビ広告を起点としたマーケティング

> ネットの活用等により，テレビ番組や広告に連動した視聴者の行動を観測。これらの効果，視聴者のライフスタイル，商品購入にいたるまでの行動履歴，商品購入チャンネルなどのデータを収集・集積し，分析・活用。

消費者行動の観測

テレビ番組やテレビ広告 → Input → ネットの活用 → Output → 商品購入ブランドの確立

Input情報をコントロールしながら，消費者を深く理解
（データ分析による価値の抽出）

歴データの集積とその分析・活用が進んだからである。

　これにより，たとえば行動履歴データから消費者のライフスタイルを「こだわり消費派」「家庭生活充実派」「アクティブ派」などのクラスターに分類し，それぞれのクラスターに属する消費者がどのような商品に興味を示すか，どのような広告に反応するかなどの分析を行い，マーケティングに活用している。かつては，消費者の年齢，性別や居住形態，家族構成などで行っていた分類に加え，消費者の行動様式や嗜好，心の動きなども対象としながら分析し，マーケティングに活用しているのである。

　マーケティングの観点からテレビを見ると，テレビは視聴者行動の起点の一つである。起点となるテレビ番組やテレビ広告により，視聴者行動に変化が生まれ，それが広告主企業にとって良い方向に変化すると価値につながる。そして今では，その価値の大小をある程度把握できるのである。もちろん，これを実現するためには，いくつかの異なるデータを掛け合わせて分析するなどの新

しい試みが必要である。

【図表9】は、エム・データ社が行ったテレビ放映と食べるラー油のヒットの関連を分析したグラフである。テレビの報道回数は、エム・データ社が作成しているテレビ番組のサマリーデータから分析できる。また、CM放送履歴もエム・データ社がすべて記録しており、分析できる。テレビ放送による人々の認知行動を把握するためにクチコミを分析し、実際の商品売り上げへの反映を把握するためにPOS（point of sale ＝販売時点管理）システムの商品売上データを分析している。

これらのデータを掛け合わせた結果を見ると、テレビ放映がクチコミ数の増加をもたらし、クチコミ数の増加が始まってから数週間後に食べるラー油という商品の売り上げが増加したことがわかる。しかも、クチコミ数の増加から商品需要の増加を予測し、対応した企業と、対応しなかった企業があったこともわかる。

現在は、さまざまな形で、テレビに関連する消費者の行動履歴データを入手

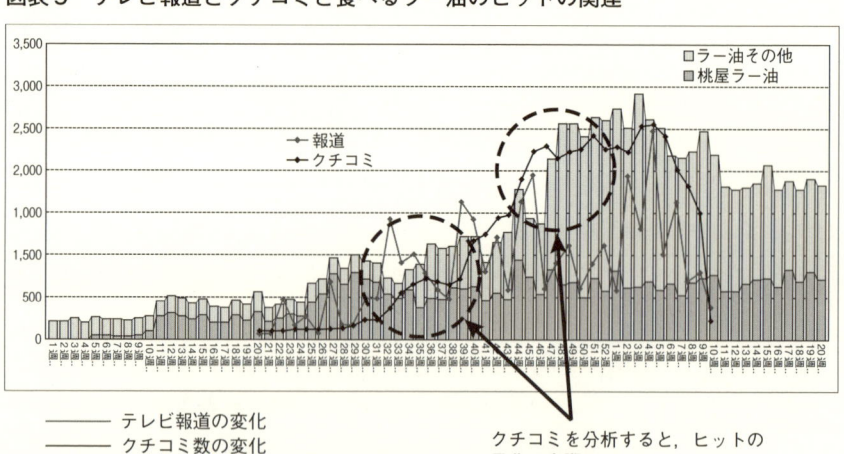

図表9　テレビ報道とクチコミと食べるラー油のヒットの関連

──── テレビ報道の変化
──── クチコミ数の変化
棒グラフ：食べるラー油の売上高（単位：千円）
　　　：桃屋　　　：その他

クチコミを分析すると、ヒットの予兆は実際のマーケットでのヒットの6～12週間前に現れていた。

【出典】エム・データ社プレゼン資料

できる。テレビ受信機やCATVのセットトップボックスの操作履歴，ソーシャルメディアに書き込まれたコメントやクチコミ，つぶやき，ウェブサイトの中の検索履歴やアクセス履歴，購買履歴，それから実店舗における消費者の実際の行動や購買記録などである。

　まずは，この分野で何が起きているのかをしっかり理解する。それが重要である。そうしなければ進化している広告主を理解できない。その上でテレビ局として，何ができるのかを考える。テレビ局においては，番組ホームページを活用したり，テレビとスマートフォン・タブレットを連動させたりすることにより，視聴者の行動履歴データの入手が可能である。視聴者のプライバシーを尊重しつつ，他の関係者との連携などを含め幅広い観点から価値創造について考えること，これがテレビの新しい価値につながる。

▎4-3 イノベーション人材の活用

　ネット利用の拡がりにより，視聴者はネットから多くの情報を得るようになっており，それがテレビの価値を大きく変えている。テレビはまさに変革期に入っているのである。このような変革期には，テレビの新しい価値を創造することが必要である。従来からある価値軸の延長線でテレビを考えるのではなく，テレビの新しいコンセプト作りが重要なのである。

　これが得意なのは，【図表10】に示す「右脳的思考が主導で，左脳的思考でそれを補佐することができる人」である。説得する力や巻き込み力，達成への執念などに優れた人とは異なり，観察する力やリスクテイク精神，関連づける力などに優れた人である。番組制作というクリエイティブな能力が求められるテレビ局には，このような人が沢山いる。多少風変わりで考えが尖っており，普通の人とは違う発想で物事を観察している人たちである。彼らは，新しいものを創りだすイノベーションに向いているのである。

　イノベーションをマネジメントの観点から考えると，特徴が2つある。1つは専門家による創造的な活動ということ，もう1つは，ほとんどは失敗するということである。イノベーションはリスクの高い，不確実な活動であり，成功

図表10　イノベーション向きの人材

◆ 新しいテレビの創造には，右脳的思考主導で，左脳的思考が補佐する人が適任。
　■ 過去の事例に合致するかどうか（思考バイアス）よりも感覚的な直感を優先する
　■ 直感的な思いつきをロジカルに自己サポートできる

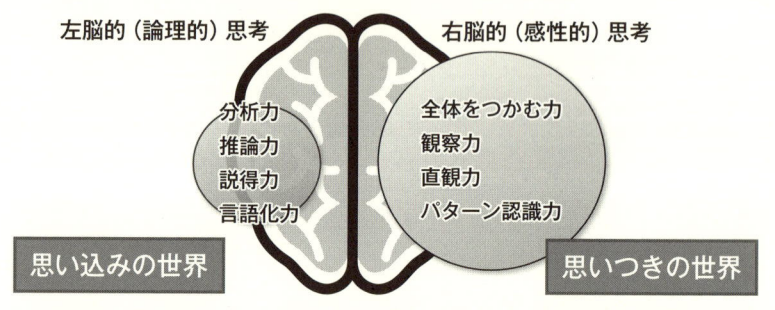

左脳的（論理的）思考　　　　　右脳的（感性的）思考

分析力　　　　　　　　全体をつかむ力
推論力　　　　　　　　観察力
説得力　　　　　　　　直観力
言語化力　　　　　　　パターン認識力

思い込みの世界　　　　　　　　思いつきの世界

※　本図表は，「初島会議」有志（岡野原，川村，國頭，佐藤，瀬戸，武，福田，吉田と稲田の9名）で議論し，まとめた結果を基にしたものです。

に向けてトライアル＆エラーを積み重ねる必要があるのである。したがって，イノベーションに成功するには，失敗を恐れず果敢に挑戦する人を応援するマインドや彼らに対するリスペクトが必要である。失敗の責任が追及される組織であれば，出世に悪影響を及ぼすイノベーションに立ち向かう社員が少なくなり，イノベーションが生まれなくなる。

　現在は，このようなリスクの高い，不確実な活動を効果的に進めるツールが発展してきている。それがデータ分析である。チャレンジをした結果が成功しても，失敗しても，視聴者やマーケットがどのように反応したかがある程度わかる。分析を積み重ねることにより，視聴者やマーケットが何を求めているのかが推定できるのである。

　視聴者の望むものを分析し，俳優の選択やストーリー作りの基としたネットフリックスのドラマ「ハウス・オブ・カード　野望の階段」が，2013年9月に発表されたエミー賞で監督，撮影，キャスティングの3賞を，そして2014

年1月に発表されたゴールデングローブ賞の女優賞を受賞したことで，このような分析が一気に注目を集めることになった。しかしこの分析は，新しいものではない。わが国でも，大量データの分析結果に基づき，どのようなコンテンツが好まれるか，ヒットの度合いはどれくらいになるのかなどを推測する手法が使われているのである。

　まさに現在は，視聴者の反応やマーケットの変化などさまざまなデータを収集・集積し，集積したデータを分析・活用し，視聴者やマーケットが何を求めているのかを探索しながら変革を進める時代なのである。このような時代においては，成功の反対は失敗ではない。失敗しても視聴者やマーケットの反応がわかるので，次の成功につなげることができるからである。むしろ，問題なのは何もしないこと。何もしないと，視聴者やマーケットの反応がわからないから得るものがない。したがって，成功の反対は失敗ではなく，「何もしないこと」なのである。チャレンジがないと視聴者やマーケットが求めるものがわからず，組織の求心力が失われる。イノベーションの能力を有する人材を見出し活用すること，加えて，彼らのチャレンジ精神を引き出す組織の風土作りや社員のマインドセットが重要なのである。

　また，チャレンジする側にも必要なことがある。それは「こだわりを捨て，ひらめきを拾う」ことである。変革の時代は「変えること」が重要である。思い込みがあると，大きく変えることはできない。思いつきを大事にし，思い切ったチャレンジをすることで大きな変化が可能になる。もちろん，このようなチャレンジをすべての領域で行うのはリスキーである。しかし，変革の時代である現在は，組織活動の1～2割はこのようなチャレンジに充てる必要がある。テレビ局は1週間約300の番組でポートフォリオを組んでいると言われている。この中の1～2割の番組でチャレンジを行うのである。

　基本は視聴者やマーケットを引き付ける番組の制作ではあるが，チャレンジをする中でデータを活用し，新しいテレビの創造に向かって少しずつでも前進すること。このような取り組みが，テレビの将来のために不可欠な時代となっている。

（稲田　修一）

◆注◆
1）英国放送協会が開発したインターネット経由のテレビ，ラジオ視聴サービス。パソコン，タブレット，モバイル端末などの機器で，あるいはゲーム機器経由，TVプラットフォームオペレータ経由，インターネットアクセス機能付きテレビ（内蔵，外付け）などの手段により過去7日間に放送された全番組を無料で視聴することができる。
2）1976年前後に生まれた世代。彼らが大学に入学した頃にインターネットの普及が始まったので，ユーザー目線でのネット活用が得意と言われている。

◆引用・参考文献◆
「天空の城ラピュタ："バルス祭り"貢献　視聴率18.5%」毎日新聞電子版，2013年8月5日11時44分
ネットフリックス社ホームページのIR資料（SEC Filing）
BBC iPlayer Monthly Performance Pack, BBC, January 2014 及び January 2013, BBC Communications
MarketingCharts社ホームページに掲載されている同社の米国広告メディア市場に関する調査資料
電通「2013年（平成25年）日本の広告費」，2014年2月20日
村上圭子『「震災ビッグデータ」をどう活かすか～始まった模索と課題～』，東海総合通信局等主催情報通信セミナー2013（2013年6月21日）講演資料
WOWOW報道資料『WOWOW×テニスマガジン　テニスの総合サイト「THE TENNIS DAILY（テニスデイリー）」2013年1月10日（木）誕生！』，2012年12月21日
フィリップ・コトラー（2003）恩藏直人監訳，大川修二訳『コトラーのマーケティング・コンセプト』東洋経済新報社
持丸正明「サービスプロセスの測る化―顧客との共創に向けて―」電子情報通信学会誌，2013（平成25）年8月号

第3章

スマートTV戦略と4K8K高画質戦略

　放送業界において，過去にもCATV, 衛星（BS, CS），各種の多重放送やデータ放送，IPTVなど新しい技術への対応が求められてきたが，結果として中核的存在の地上波経営を大きく揺るがせるものではなかった。

　しかしネットもそのように考えてよいかどうかは未知である。何よりも視聴者の時間と広告主の広告出稿（と制作費）の大きな転移の可能性を有しており，特に前者に関して若年層ほど深刻な傾向を示している。これはあたかも50～70年代にあった映像メディアの主役をめぐる映画と放送の産業間競争を連想させる。

　そうした意味でそのときに映画産業がとった戦略は示唆に富む。代表的な戦略がウインドウ戦略やマルチユース戦略である。本稿は放送産業がネット・ウインドウと付き合うための戦略的な方向性を検討するものである。

1　ウインドウ戦略を含むマルチユース戦略

　簡単に本稿でのウインドウ戦略とマルチユース戦略の定義をしておく。「ウインドウ（コントロール）戦略（Windowing）」は，あるひとつのコンテンツ（番組）を，意図的な管理の下で，複数の出口（媒体）に対して，逐次的に公開し

ていくものとする。逐次ではなく同時ならば「メディア・ミックス戦略」として，ウインドウ戦略の狭義のものとする。もちろんいずれも，より広範な概念である「コンテンツ・マルチユース戦略（クロスメディア）」の部分であり，マルチユース戦略には他に商品化や版権ビジネスも含まれるものとする。ただしマルチユース戦略の中核は，見定めたターゲットに対して複数の媒体と（複数の）コンテンツを用いてアプローチし，目的の最適化を図ることに重きがある概念とする。

1-1 ウインドウ戦略誕生の背景

映像メディアのエンド視聴者向けの出口は，映画館が最初であり，20世紀の間を通して電波を用いるテレビ放送，有線を用いるCATV，家庭用ビデオ機器……と広がっている。70年代中盤の米国におけるCATV普及，80年代に入ってからの家庭用ビデオ機器の普及に伴い，映画産業は，HBO（1972年サービス開始）に象徴されるCATV向け映画専門チャンネルの立ち上げ，またセルとレンタル向けのビデオ市場への参入により対処している。

映画産業にとっての中心ウインドウは映画館であり，また最も収益性を高く期待したいところである。しかし新媒体の登場は観客の映画館離れと売上の減少を招いており，現在，標準的にはファースト・ウインドウである映画館だけでは投資回収できず，次のビデオ・ウインドウの収益を併せて投資回収する時代になっている。また当時の視聴者にとって無料の広告放送と映画の関係性は，より気軽な映像接触による視聴者の時間の転移（今の言葉でいうタイムシフトやプレイスシフト）という観点で，今のネットと放送の関係性にかなり近いのかもしれない。

また特に日常的な地上波放送との競争の中で映画が大作主義に傾倒していったことは，制作費上昇（集中）と裏腹の関係にあり，その意味でも売上の確保，拡大は必要であった。

1-2 ウインドウ戦略の運用

ウインドウ戦略の運用とは，ひとつのコンテンツを各ウインドウで公開するにあたって，開けるウインドウの順序や時間的間隔を意図的にコントロールする（ウインドウの逐次性）ものである。オーソドックスな形として，80年代から00年代前半までは，【図表1】のような形で行われてきた。

図表1　ウインドウ戦略のタイプ（古典）

古典的な映画コンテンツ・ウインドウ戦略モデル（展開タイミング）

劇場公開　→　DVD　→　有料放送　→　無料放送

ウインドウ	公開時期
劇場公開	封切り
DVD	封切り1ヶ月～3ヶ月後から
有料放送	封切りの3～6ヶ月後から
地上波（無料）放送	封切りの12ヶ月後から

その際に，
・ウインドウを開ける順番
・ウインドウ間のタイミング

が意思決定事項となるが，その際に考慮する変数として以下があげられる[1]。

　①各ウインドウの視聴者ひとりあたりの単価
　②各ウインドウでの新規獲得視聴者数
　③リピート率
　④視聴者における興味の減退と復活
　⑤コピーの発生率，作りやすさ
　⑥利子率

基本的には市場規模の大きなウインドウ（①×②）から開ける。逆に違法

流通対策のため，コピーの作りやすいウインドウ（⑤）は後ろに下げる。また適宜，視聴者のリピート需要の掘り起こしを考えて，ウインドウを開ける間隔をとる（③，④）。キャッシュ・フローの改善から，利子率の高い環境では，早くウインドウを開ける（⑥）。

　各ウインドウ間の間隔の取り方は，日本や米国は民間の商慣習によるものになっているが，欧州などでは政府の法令で定められている国も数多くあり，その代表例はフランスである（【図表2】）。

図表2　フランスの（映画コンテンツの）ウインドウ戦略規制（2009年改正）

	劇場公開からのタイミング	展開が認められるウインドウ
1	劇場公開	劇場公開
2	4ヶ月（3ヶ月の例外あり） 1週間前宣伝禁止	DVDレンタル／セル VOD（レンタル，EST）
3	10ヶ月（ただし映画業界側との合意がなければ12ヶ月） 4週間前宣伝禁止	初の有料映画放送チャンネル
4	22ヶ月	無料放送，または（非映画）有料放送チャンネル（ただし放送局が3.2％以上の共同製作投資をしている作品の場合）
5	22ヶ月（ただし映画業界側との合意がなければ24ヶ月）	2回目以降の有料映画放送チャンネル
6	30ヶ月	上記以外の無料放送，または（非映画）有料放送チャンネル
7	（規制なし）	キャッチアップTV
8	36ヶ月	契約型VOD
9	48ヶ月	無料VOD

【出典】Hogan & Hartson LLP（2009），TELECOMMUNICATIONS, MEDIA & ENTERTAINMENT UPDATE French Regulation Fixes New VOD Release Windows, July, 2009より筆者抜粋。なお契約型VODを36ヶ月から24ヶ月に短縮を求める運動がある（2014年1月）。

1-3　ウインドウ戦略の目的

　おのずと営利企業の活動であるから，究極の目標は売上や利益の追求は当然としても，その売上・利益の拡大の手段として，

- 逐次的な公開により，前公開ウインドウが後公開ウインドウに対する宣伝，周知効果をもたらすことで，当該コンテンツの認知度を高める。
- ウインドウごとの価格付けの差を利用して，差分需要を掘り起こすことでの

売上の拡大を図る。(あるいは差分の支払い意思額 WTP の回収)[2]
・時間をかけた逐次的公開により，リピート需要を掘り起こす。
といったことがあげられる。背景にあったハリウッドの大作主義への傾倒を考えれば，大作の少しでもの延命化による収益機会の拡大，特に著作権ビジネスの整備による持続的な収益の発生への関心も否定できない。

2　他ジャンル，他国でのウインドウ戦略

2-1　わが国の音楽産業におけるウインドウ戦略【事例1】

　ウインドウ戦略をはじめマルチユース戦略は，映画や映像だけに限ったものではない。既存メディアのネットへの対応という観点を含め，たとえば音楽産業の対応は示唆的である。

　音楽もまたネットの台頭に伴い，音楽視聴スタイルや環境の変化，ネット違法流通などによって，従来のCDに代表されるパッケージ・ビジネスが大打撃を受けているジャンルである。また期待された直接の音楽ネット配信事業も伸び悩んでいる。その一方で，コンサート関連のような反ユビキタスなものが伸びている。コンサートは，解釈次第では，アナログ的，経験価値的なものが再活性化しているともいえる。またハイレゾリューション音源[3]ブームを反映してか，高品質なもの（音楽ビデオ＞CD，おそらく音楽に対する価格弾力性が相当に低いことも作用して）も伸びている（【図表3】）。

図表3　2012年の音楽各ジャンルの市場規模

	2012年	(2007年)
CDレコード	2277億円	3333億円
配信	1150億円	1820億円
音楽ビデオ	831億円	578億円
コンサート	1701億円	1040億円
カラオケ	6146億円	7183億円

【出典】電通総研編　『情報メディア白書2013』

もうひとつ音楽産業のウインドウ戦略で観察されることは，作品の寿命全体が短命化し（【図表4】），その短命化したウインドウ戦略すら過去のものとなりつつあるという点である。現在は個別作品と個別ウインドウから逐次的に売上を得るのではなく，サブスクリプションを含む各種の形の包括的定額制課金への挑戦が続いている。

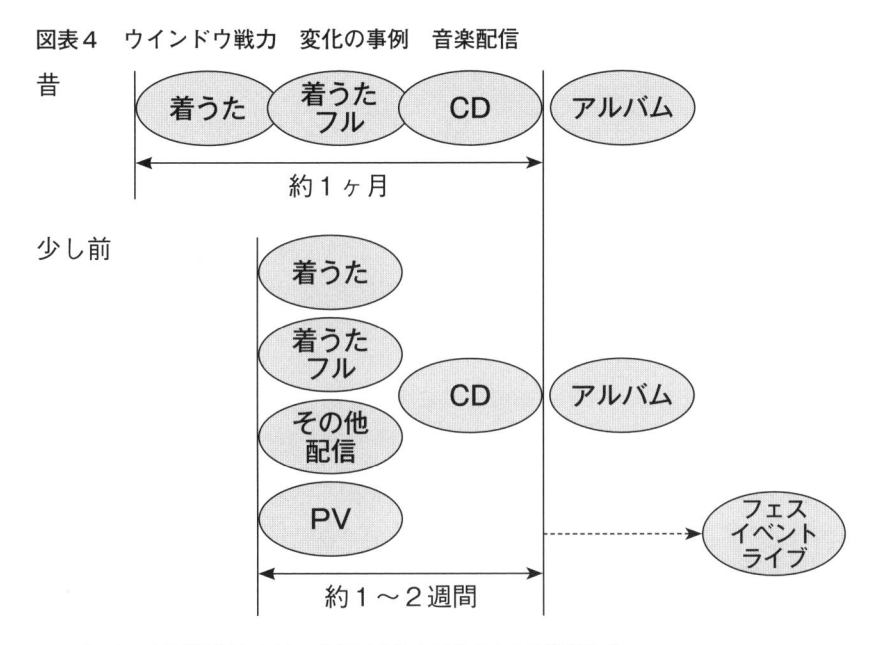

図表4　ウインドウ戦力　変化の事例　音楽配信

昔　　着うた　着うたフル　CD　アルバム
　　　←　約1ヶ月　→

少し前
　　　着うた
　　　着うたフル
　　　その他配信　　CD　アルバム
　　　PV　　　　　　　　　　　フェスイベントライブ
　　　←約1〜2週間→

レコチョク　山﨑浩司氏ヒアリング（2012年10月）をもとに筆者作成

2-2　中国におけるウインドウ戦略【事例2】

　中国におけるネット・ウインドウの位置づけは示唆的である（【図表5】）。
　中国においてはネット配信の位置づけが非常に高い位置にあり，それは前節であげたウインドウ戦略の原則にいくつか適合しない（たとえば，中国のネット配信ウインドウの市場規模は地上波を上回るものではなく，またネット配信からの違法コピーの発生は高いことが予想される点など）位置である。

図表5　ウインドウ戦略　変化の事例

中国の映画コンテンツ・ウィンドウ戦略モデル（展開タイミング）

劇場公開　→　ネット配信　→　DVD　→　地上波放送

ウィンドウ	公開時期	
	上海SMG	中影集団
劇場公開	封切り	封切り
ネット配信	封切りの2～3ヶ月後から	封切りの5週間後から
DVD販売	封切りの6ヶ月後から	封切りの1ヶ月～4ヶ月後から
地上波テレビ放送	封切りの6ヶ月後から	封切りの4ヶ月～6ヶ月後から

※ヒヤリング時期　2011年夏

中国における各ウィンドウの収入規模
　劇場公開＞テレビ放送権＞インターネット配信＞DVD

　技術的な理由はあげられる。中国は国家広播電影電視総局による放送向けの（国内外）コンテンツ検閲・規制が厳しい分，ネット配信による合法，違法を含めた映像配信が盛んである。尖閣諸島問題以前は，わが国からの海外番組販売においても，日本の販売事業者は局への販売のみならず，（違法流通が蔓延している）中国ネット配信業者との正規許諾への動きを活発化させていた。ただそうした技術的な理由だけで考えてよいかは一考の余地がある。本質的には，旧来の放送とネット配信との間の視聴者とお金をめぐる競争の作用があることは否定しきれない。

2-3　ネット・ウインドウ内におけるウインドウ戦略【事例3】

　テレビ東京が2009年1月に日本のアニメやドラマ，マンガを提供するアメリカの動画共有サイト「クランチロール」に対する正規ネット配信を始めたなかにも，ウインドウ戦略がみられる。そこでは日本国内での地上波本放送の1時間後にクランチロール会員（月極定額制）限定の排他的な配信が始まる。会

員向けであるから，その収入の源泉は会員収入である。配信開始1週間後には限定が解かれ，広告収入・広告モデルによる配信となる。違法流通対策を主眼として行われた戦略であり，その目的に対しては大変有効に作用したとされる。この経験は，中国の「土豆」（当時第二位のUGCサイト）との正規契約にも発展している（2011年11月より配信開始）[4]。従来のウインドウ戦略が月単位での逐次性を有していたものが，時間と日単位に変化したと言える。

2-4　ウルトラHD（4K, 8K）というオプションが与える大作主義への誘惑とウインドウ戦略の必然性

　若者などは特に，メディア接触が画面の小さなスマホ経由になっていることを鑑みれば，4Kはともかく（なぜならすでに4Kスマホがある時代）8Kなどの高精細技術への，マジョリティのニーズは疑わしくも思える。しかし一旦，高画質なものに視聴者の目が慣れてしまえば，元には戻れなくなるのも歴史のなかでいくたびも経験していることである。

　4K8Kの普及過程において，多くの部分でSDからHDへの切り替え時に起きたことの，相似的なことが起きると考えられる。少なくとも現在のフルHDよりもウルトラHD（4K, 8K）制作では，表現のために使える技術的な情報量は急拡大する。もっとも情報過多の世界において，あるいは多様性を追求する世界（芸術，学術，文化，すべて）において，あえて情報をそぎ落とし，シンプルな表現や結論にすることは，クリエイティブの経験者ならば誰しもが一度は認識することである。映像の世界においても，映画の脚本・撮影・編集，いずれにおいても繰り返し教えられることのひとつであるし，SDからHDへの転換のときにも，認識された経験知ではある（捻じ曲げ族[5]）。非連続に増える情報量に，作り手も受け手も当初は処理に戸惑うということであろう。

　ウルトラHDによって，より制作に手間も費用もかかるようになると予想されるジャンルもあると考えられる。特にパッケージ系コンテンツであるドラマ（フィクション）やドキュメンタリー，アニメーションなどのジャンルでは，4K8Kの導入が作品の「大作主義」への引き金になりうることは十分に予想

される。たとえ撮影（カメラ）はデジタル進歩のなかで低廉化していくとしても，照明は従来のままアナログな世界であるし，録音（8Kでは最大22チャンネルを予定）やメイキャップ・衣裳・美術，編集は，データ量の増減に応じて手間，費用は増すと考えられる。何よりも技術が進歩しても生身の人間（キャスト，スタッフ等）の人件費は下がらず，むしろ相対的に人件費が高水準に留まってしまい（ボーモルの費用病[6]），人件費圧迫の圧力を高めて現場の疲弊を間接的に誘ってしまう。こうした制作体制の変化にあわせ，メディア接触におけるマジョリティの旧メディアからネットへの遷移という状況は，まさしく70年代から80年代にかけて映画産業と放送産業の間にあった社会環境と酷似している。ハリウッドは，そのもとで大作主義を推し進めたのである。

　ハリウッドが大作主義に傾倒するなかでウインドウ戦略が編み出されたのは，巨額化する制作費を賄うためである。その点で，4K8K化がマルチユース戦略やウインドウ戦略，あるいは作品の収益性向上や延命化を必然的にするとも考えられる。

　またウルトラHDコンテンツが家庭内視聴だけで特性を発揮できるかは，さらに疑わしいと考えられ，家庭外での活用のほうが，特性を発揮しやすい。

▍2-5　小括

　元来ウインドウ戦略には，競争圧力のもとで全体のライフタイムが短縮化する傾向があった。欧州のように法規で歯止めをかけたとしても，市場の競争環境を背景に短縮化の制度改正を要望する動きが発生する。

　ネットはその意味では極めて強力な競争圧力を，しかも違法流通と"ネットはタダ"という既成事実の形で，かけた。ただ従来は月単位で管理されていた逐次性が，日＆時間単位での逐次性なら，いまのところウインドウ戦略はまだ有効である。その短縮化が，逐次（ウインドウ戦略）的なのか同時（メディア・ミックス戦略）的なのか，判断を曖昧にしている。また延命化というウインドウ戦略の別の側面に強烈なダメージを与えている。

3 ネットという新しい映像伝送ウインドウの位置づけ

3-1 既存放送ビジネスとネット・ビジネスの間のジレンマ

完成番組をネット・ウインドウに展開するには，いくつかのジレンマがある。

① ネットは非常に強力なリーチ力ゆえ，ヒットをねらうなら早い公開ウインドウにしたいが，違法流通の発生しやすさでは極大ゆえに，遅い公開ウインドウにしたいジレンマ（視聴者確保と収益性のジレンマ）

② "ネットはタダ"という浸透してしまった既成概念ゆえに遅い公開にしたいが，（【事例3】が示すように，）違法流通対策として早く展開することに合理性があるジレンマ（違法流通のジレンマ）

③ 視聴者に能動性を要求する媒体ゆえ，従来型の受動的なコンテンツ作りとのジレンマ（制作スタイルのジレンマ）

④ 新しいコンテンツを制作したいというクリエイター的欲求と，ネットの激しすぎる変化がもたらす消耗のジレンマ（スピードのジレンマ）

といったものである。こうしたジレンマが，戦略的な迷いを生んでいる。

3-2 比較的合意された使い道　B2C向け宣伝活用

ネットをB2C，すなわち消費者に向けた宣伝のために使うのであれば，すでに比較的多くの賛同が得られる。映画はファースト・ウインドウである劇場公開の前に大量の有料・無料宣伝を打ち，観客の期待値を極大化させた上で，初日を迎える。そのなかでネット宣伝はもはや欠かせない媒体である。昔に比べれば数多くの予告編や特報（teaser, trailer）をネットを含めて配信するし，本編冒頭10分間を無料公開するものもある。ハリウッドのドラマでは，第1話をネットを含めいろいろな媒体で無料公開する場合もある。SNSへのリンクも不可欠である。

3-3 海外番組販売活動におけるネット・ウインドウ【事例4】

B2B，すなわち企業間取引の世界では，ネットの合理的な収益確保の活用

が始まっている。

　素人が思いつきやすいことに，ネットを使った番組／コンテンツの海外番販，展開があげられる。現実にファンサブ[7]・サイトの活動を中心に，違法流通の形で番組が世界に広がっている事実があるように，収益性を無視した展開なら今すぐにでも可能であろう。しかし【事例3】のようなケースがあるにせよ，まだまだ完成番組のB2B海外番組販売活動は，世界各地域の放送連盟（Broadcasting Union）での交換や交流，MIPCOM/MIPTVのような放送番組国際見本市における商取引が中心であり，顔を突き合わせたなかでの取引が中心である。

　完成番組ではなくフッテージ[8]ならば，ネットB2Bによるかなり合理的な取引が進んでいる。たとえばT3MEDIAが運営するフッテージ販売サイト「T3MEDIA Licensing」では，世界の多くの主要なメディア企業がフッテージ販売をしている[9]。フッテージのなかには，ライツフリーで提供されるものも少数あるが，有料のものの一部は，それぞれのフッテージごとに，プロジェクトタイプ，（展開）メディア，使用方法，展開エリア，ライセンス期間，映像フォーマット・コーデックごとのプルダウン・メニューが設定され，その選択によって（機械的に）料金がオンライン上で提示される。

　また番組そのもののオンライン販売まで至らずとも，世界の主要な番販事業者は，自社オンラインカタログページを有してネットを介したプロモーションは行っている状態である[10]。また国内向けの活動ではあるが，日本ケーブルテレビ連盟は，地域を超えた映像交流を促進するために，ケーブルテレビ事業者間の全国番組配信システム「AJC-CMS」（All Japan Cable TV Contents Management System）というネット・サイト・システムを整備し，加盟社のB2B番組交流とエリア外に対するB2C番販を促進している[11]。まだまだクラシックな商取引が中心の番組販売の世界も，徐々にネット・オンライン上での取引にシフトしている。

3-4 視聴者行動のタイムシフト／プレイスシフトへの対応

　家庭用ビデオ機器が普及したときから，視聴者のタイムシフトやプレイスシフトの問題は発生していた。ウインドウ戦略のなかにビデオ・ウインドウが置かれたことも，鶏と卵の関係である。ここに来て，それがクローズアップされるのは，ネット・ウインドウを活用したタイムシフト／プレイスシフトが，視聴者，広告主ともに，格段に大きなものと懸念されるからであろう。そうしてシフトした視聴者や広告主を取り戻す手段としても，ウインドウ戦略やメディア・ミックス戦略が位置づけられる。

4　経営組織論的な課題──現場のプロデュース能力の再定義

　経営戦略論の基本に戻れば，ネットの台頭という環境変化は，技術変化が起因となってシーズが与えられ，事業領域の再考が求められている状態とみなせる。そのときに，
・再編成のなかで，強い競争力を維持できる（部分的な）事業領域とコアコンピタンス[12]を見出すか，抜本的に主力事業を転換する
・従来，周辺産業と思われていた領域を取り込む

といったことがとるべき戦略の定石としてある。自産業構造を変える覚悟や周辺産業を巻き込んでいくリーダーシップが求められる。現在，放送産業のプロデューサーはそうした起業家精神を十分に発揮できているのであろうか。伝統的な番組制作にあたっては，（スポンサー→代理店→編成局）といった一本の太い資金ルートに依存してきたはずであり，たとえば資金を多元的に求めていくような能力は，現状，どうであろうか。プロデューサーのあるべき論には奥深い議論があるが，周囲を巻き込む能力，プロジェクトを外延的に発展させることができる能力，それを促す社内制度は，産業変革期には必要と考える。

5 ネット・ウインドウに対する3つの戦略

　ウインドウ戦略の目的と価値は，単に収益の向上だけではない。むしろ現在のようなコンテンツの大量消費，制作現場の時間的かつ制作予算的疲弊，強いメディア間競争圧力の環境では，苦労して制作したコンテンツの延命化のほうに価値が見出せるように思われる。

　第1の戦略は，きわめて消極的かつ現実的な対応である。ネット・ウインドウが持っている強力かつ将来有望なリーチ力や宣伝力は魅力的である。しかしネット・ウインドウ自体からの収益性はいまだ改善されず，むしろ既存のオールド・ビジネスや産業の構造変革を強いる可能性があることは，音楽産業が示唆的に示している。ネットのリーチ力の高さと収益性の悪さを考えるならば，また上述の数々のジレンマを考えるならば，ネット（ウインドウ）は逐次性のあるウインドウ戦略ではなく同時性のあるメディア・ミックス戦略のなかに位置づけるほうが適切であろう。

　そうなるとメイン・ウインドウとネット・ウインドウの間には代替性があってはよくない。メイン・ウインドウの収益性を破壊してしまう。代わりにどのような機能的補完性を持たせ，全体としての相乗性を高めるかということが課題になる。たとえば，

・国内と海外の補完性（地上波を使った国内放送とネット配信を活用した途上国向け海外番販）
・宣伝と本編，本編と番外編・外伝という補完性
・全体フレームワークの提示と詳細説明という補完性（お決まりのフレーズ"続きはネットで"のパターン。テレビCMとネットサイトの関係）
・アジェンダの提示と意見という補完性（従来のテレゴング等の置き換え）

などである。つまり，あるコンテンツの機能的分割を図り，複数媒体に展開し，その複数媒体に視聴者がアクセスしたときに完成された状態になる「トランスメディア」戦略となる。もちろんその機能分割には必然性がなければ，作り手にとっても受け手にとっても単なる手間で終始してしまうが，その必然性のあ

る状況や条件が現在各所の実験などによって模索されていることである。

　第2の戦略はより積極的であるがリスクがある。ネット・ウインドウの成長性に賭け，収益性の悪さを改善していくならば，上述の多くのジレンマ，つまりトレードオフがある以上，成熟化した既存ビジネスへの何らかの負の影響を覚悟せざるをえない。主力の事業領域をシフトさせる超長期的な大戦略に相当するものであるから，トップ・マネジメントの決断なくしては不可能である。

　もちろん現場レベルにおいても，これまでの受動的視聴者向けの番組作りから，能動的な視聴者向けの番組作りを新たに模索しなければならない。"検索"と"シェア"はネットを代表する視聴者の能動的行動であるが，それを含めた視聴者のネット上の行動履歴などのビッグデータをもとにした適切なプル型コンテンツの開発[13]や，コンテンツ・メタ情報の整備など，感性だけでなく合理性が要求される課題は多い。これこそがスマートTVとしての課題であるし，上述の機能的補完性の追求，トランスメディア戦略はここでも活きる。しかし局の組織文化と視聴者の視聴文化への変革を求めるものであるから，容易でないことは確かである。

　第3の戦略は政治的であるが，歴史の中には似た事例は多く存在する。ハリウッドが連邦政府に対してフィン・シン・ルールを策定させたように，あるいはフランスCNCが映画産業と放送産業の間での特別税と補助金を用いて所得再分配ルールを策定したように，ネット産業との間でゲームチェンジを試みる方法である。

6　放送技術における2つの主要なベクトル（双方向性と高画質化）

2020年に向けて，放送はネット対応だけが課題ではない。ネット以外にウルトラHDも，新技術として与えられた経営上のシーズである。これらのシーズをどのように取捨選択していくかは，経営戦略上の検討課題である（【図表6】）。それぞれのシーズと既存事業との関係性，発展のために必要なことは異

なっている（【図表7】）。

① 【スマートTV戦略　標準的な画質＆双方向マルチスクリーン】

　端末は，スマホやこれから拡充するであろうウェアラブル・デバイス（PC，カメラ，モバイル）などを含めた「各種」端末となり，どの端末でも視聴可能にするためには，画質要求は最低限なものとなるであろうけれど，機能的にはネットに接続された双方向コンテンツが求められる。つまり受動的視聴者向けコンテンツから能動的視聴者向けコンテンツへの大きな転換が求められる。さらに欲を言えばトランスメディア戦略の発想で，コンテンツの機能的分割を図り，トータルでのコンテンツの価値連鎖完成が求められる。

② 【4K8K戦略　高画質・受動的】

　大作主義的，メディア・ミックス戦略，ウインドウ戦略の方向性である。ただし高騰化するであろう製作費の調達が課題となる。

③ 【V＆Aリアリティ戦略　高画質かつ双方向】

　スマートTVと4K8Kの2つの可能性を共に活用することができれば，既存の放送事業の特性を活かしつつの新規事業進出となる。両者の融合を，Virtual & Augmentedリアリティ戦略とよんでおくことにする。まず供給サイドの動きとして，現在でも民間放送事業者は，放送外収入の一環として「イベント事業」に対しては熱心であることをあげる（【図表8】）。

　また需要サイドのトレンドとして，上述のようにネット化が先行した音楽産業ではCD販売・ネット配信などのユビキタスな／デジタルなパッケージ分野は苦戦し，一方でコンサートのような非ユビキタスな／アナログなライブものが市場として伸びている。また画素が視覚上，認識できるかどうかという観点で4K8Kがオーバースペックとなり，家庭向け普及に対する疑問がないわけではない。4K8Kは家庭以外の場でも積極的な使い道が求められるほうがよい。

　この需給両面の傾向を考えたときに，8Kなど[14]はまずはイベント等での積極的な活用から始めるほうが妥当と考える。映画館の大スクリーンの最前列席であっても画素が見えにくい8Kならば，1／1スケールの等身大の何かを映し出したとしても，「モニターの向こう側」という隔てた感覚が少なく，仮想

figure6 技術発祥の３つの戦略

③V＆Aリアリティ戦略 （高画質・双方向）	②4K8K戦略 大作主義，メディア，ミックス戦略，ウインドウ戦略（高画質・受動的）
①スマートTV戦略 トランスメディア戦略 （標準的な画質・双方向マルチスクリーン）	

figure7 スマートTVと4K8K戦略のベクトル

	スマートTV戦略	4K8K戦略
方向性	映像というよりは情報機関，"ジャーナリズム"and/or"プラットフォーマー"としての方向性。ユビキタスな性格を重視。広告代理店的領域への展開。	"映像屋"としての方向性。製作会社的，映画事業部，イベント事業部的領域への展開。
上記方向性の論拠	・マスメディアを維持すべく，モバイルにシフトしつつあるマスを掴み続ける必要性。	・放送外収入のなかでのイベント事業への取り組みの熱心さ。 ・（音楽が示すように）デジタルよりは，アナログなライブ感のあるものの収益性向上トレンド。 ・BBC x SEGAの「Orbi」40mスクリーンのように既存の映画館のフォーマットにとらわれない大スクリーン・モデル。 ・4Kプロジェクターを数台並列させる，超大型スクリーン。
（社会的戦略性） 国際競争力への貢献	（国際比較のなかで）相対的に多いわが国の能動的ネット・ユーザーの利活用。	数少ない放送業務用機材の生産国の競争力維持。
供給サイドの課題		
導入・普及の前提	トランスメディアな補完性のあるコンテンツ。	まとまった量の4K8K高精細コンテンツ。
導入・普及への負荷	スモール・ビジネスへの対応マインドと組織文化，ビジネスモデルの変革。双方向型コンテンツのマネジメント。	新規の設備投資。
需要サイドの課題		
導入・普及の前提	オーディエンスの視聴能動性向上への期待。	（大作映画のように）究極の受動的オーディエンス。既存のままを想定。
導入・普及への負荷	より能動的なメディア接触態度への変質。	4K8K対応受像機の導入。
導入・普及への特性	スマホ・タブレットによるすき間時間への浸透。	迫力，臨場感を訴求できる場としてのイベント等での使用。
両者のシナジー		
ウインドウ戦略可能か否か？	可：弾力性の低いオーディエンス／能動的なオーディエンスから，高い／受動的なオーディエンスへの展開。 不可：シナジーなければ，両者は独立の戦略。	

現実（VR; Virtual Reality）により近づく。それを中心に，イベント会場での手元のスマホやタブレットを用いた拡張現実（AR; Augmented Reality）の活用などが，この2つの技術を用いた融合戦略の入口のひとつと考えられる。今でこそその端末はスマホやタブレットのように4インチから10インチの小さなものを覗き見るような感覚かもしれないが，ウェアラブル・デバイスが普及するころには，その拡張現実はより仮想現実に近づくかもしれない。イベントを普及の入口と考えるもうひとつの理由は，視聴者（来場者）の能動性である。上述のようにスマートTV戦略の克服すべき課題は，旧来の受動的視聴者とコンテンツ制作から能動的なそれへの転換があり，（家庭視聴ではなく）イベン

図表8　民放各社の放送外ビジネス

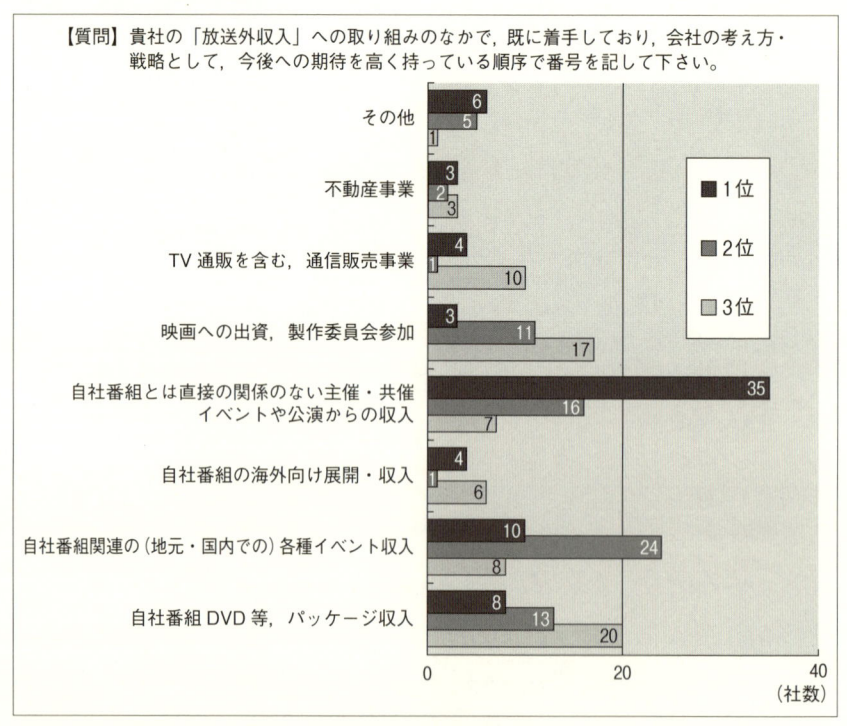

【質問】貴社の「放送外収入」への取り組みのなかで，既に着手しており，会社の考え方・戦略として，今後への期待を高く持っている順序で番号を記して下さい。

項目	1位	2位	3位
その他	6	5	1
不動産事業	3	2	3
TV通販を含む，通信販売事業	4	4	10
映画への出資，製作委員会参加	3	11	17
自社番組とは直接の関係のない主催・共催イベントや公演からの収入	35	16	7
自社番組の海外向け展開・収入	4	1	6
自社番組関連の（地元・国内での）各種イベント収入	10	24	8
自社番組DVD等，パッケージ収入	8	13	20

（社数）

※質問を行った時期　2011年12月，東京局を除く民放各社の回答。
【出典】拙稿（2012）「放送番組のウインドウ戦略と海外展開戦略　―コンテンツbasedビジネスの一貫として―」，日本民間放送連盟・研究所『2011年度　民放連・研究所客員研究会　報告書』2012年6月，p.49

ト来場者なら，その能動性が期待できるからである。

　いまサイネージ広告で行われていることは，そのひとつの入口とみなせる。すでに各所のサイネージ・パネルのもとにスマホ等に誘導するタッチリーダーが設けられ，双方向性，トランスメディア化が図られているものもある。

　ネットへの視聴者マジョリティの転移や情報通信をめぐる新技術の登場といった環境変化が途切れることなく進んでいる。経営組織文化の変革や，従来の視聴率でつながれている受動的視聴者とは異なる能動的視聴者との新しいリレーションシップの構築，要求される高い費用水準など，乗り越えるべき課題は多いが，それらを克服できるならば，放送は真に新しい時代を迎えることができるのではないだろうか。

（内山　隆）

◆注◆
1) Owen & Wildmann (1992) "Video Economics", p.30, ch.2 参照。
2) 山下東子「米国映画の国際競争力に関する試論」，慶応義塾大学新聞研究所年報 No.45 (1995) 参照。
3) 音楽CD (16bit/44.1kHz) やDAT (16bit/48kHz) を超える情報量をもつ音楽データの総称。人間の聞き取れる周波数帯域（可聴帯域）であるとされる20Hz〜20kHzを超えるような音も再現することで，サウンドの空気感を伝え，リアリティが増すと言われるようになってきた。それに伴い，CDとは別に音楽データの配信による流通，対応機器の販売などが活性化している。
4) 海外番組販売検討委員会編 (2012)『テレビ番組の海外販売ガイドブック』, pp. 42-44 参照。
5) 前川英樹「HDTV覚書『表現とは〈何を見せないか〉ということだ。4K／8Kから新『捻じ曲げ族』が生れるだろうか？』」2013年6月11日（http://ayablog.jp/archives/22997）
6) 60年代にボーモルらが，文化芸術分野と一般的な産業分野の生産性の革新の格差に着目し，経済がサービス化していくことで，全体の生産性の低下や相対的な人件費の増加を指摘したもの。Baumol & Bowen (1966), Baumol (1967) など参照。
7) ファン (fan) による（非公式, 非正規の）字幕 (subtitle) 作成。特に根強いファンの多い作品群（日本のアニメ，各国のドラマ）について，ファンの集団がサ

イト上で字幕制作活動を非正規に行うことで違法流通が促進される一方で，作品の知名度や愛好者を増やす一面もある。

8）編集されていない「素材」としての映像のこと。

9）NHK（日本放送協会），フジテレビジョン，ナショナル・ジオグラフィック，ソニー・ピクチャーズ，コロンビア・ピクチャーズ，パラマウント・ピクチャーズ，MGMスタジオ，マーベル・エンターテイメント，スミソニアン・チャンネル，オーストラリア放送協会（ABC），HBOアーカイブ，マーチ・オブ・タイム，NBCニュース・セレクト，ニューヨーク・タイムズ，イギリスフットボールリーグ，全米オープンテニス選手権，U.S.サッカー，ミス・ユニバースなどである（http://www.t3media.co.jp/licensing/overview/selling-footage/　2014年2月閲覧）。T3MEDIAは，以前はBBC Motion Galleryの運営主体でもあったが，現在のBBC Motion GalleryはGetty Imagesにより運営されている。

10）例えば国内社でも以下のような整備が進んでいる。
NHK（NEP）；http://pf.nhk-ep.co.jp/
日本テレビ；http://www.ntv.co.jp/english/pc/index.html
TBSテレビ；http://www.tbs.co.jp/eng/programsales/
テレビ朝日；http://www.tv-asahi.co.jp/ips/
テレビ東京（テレビ東京メディアネット）；http://www.medianet.co.jp/program/
フジテレビ（FCC）；http://www.fujicreative.co.jp/tabid/69/Default.aspx

11）社団法人日本ケーブルテレビ連盟「AJC-CMS（全国ケーブルテレビ コンテンツ流通システム）のご案内」2012年9月28日，http://www.catv-jcta.jp/item/ajc_cms_release20120928.pdf

12）Hamel & Prahalad（1990）によって提唱された，競合者の模倣が容易ではない自社の中核的な競争能力というコンセプト。

13）例えばeコマースサイトでは，ビッグデータの活用のなかで，個々のユーザー向けに特化したさまざまなお奨め商品の紹介を行うものがあるが，それにも視聴者の好感を得る「お奨め」もあれば，不興を買う「お奨め」もある。

14）厳密に8Kに限定せずとも，すでに各所で試行されている，4Kプロジェクターを数台並べたような，横長大画面高解像度スクリーンも同様である。

◆引用・参考文献◆

B. Daniels et al (2006), "Movie Money", Silman-James Press.
Hogan & Hartson LLP (2009), "Telecommunications, Media & Entertainment Update", French Regulation Fixes New VOD Release Windows, July, 2009.
J.J. Lee Jr. & A.M. Gillen (2010) "The Producer's Business Handbook", Focal Press.
Owen & Wildmann (1992), "Video Economics", Harvard University Press.
A. Pardo eds. (2002), "The Audiovisual Management Handbook", Media Business

School, Bird &Bird
W.J Baumol (1967) "Macroeconomics of Unbalanced Growth: The Anatomy of Urban Crisis", *American Economic Review*, Vol.57, No.3.
Baumol & Bowen (1966) "Performing arts: the economic dilemma: a study of problems common to theater, opera, music, and dance" Twentieth Century Fund/New York.
Hamel & Prahalad (1990), "The Core Competence of the Corporation" *Harvard Business Review*, May-June.
海外番組販売検討委員会編 (2012) 『テレビ番組の海外販売ガイドブック』、映像産業振興機構 VIPO
電通総研編 (2014) 『情報メディア白書 2014』ダイヤモンド社
前川英樹「HDTV 覚書『表現とは〈何を見せないか〉ということだ。4K／8K から新『捻じ曲げ族』が生れるだろうか？』」、2013 年 6 月 11 日 (http://ayablog.jp/archives/22997)
山下東子「米国映画の国際競争力に関する試論」、慶応義塾大学新聞研究所年報 No.45 (1995)
内山隆「放送番組のウインドウ戦略と海外展開戦略—コンテンツ based ビジネスの一貫として—」、日本民間放送連盟・研究所 (2012) 『2011 年度　民放連・研究所客員研究員会　報告書』

第2部

放送＋ネットと利用者の意識・行動の変化

第4章

視聴者にとって「テレビ」とは何か
～「テレビ」からあなたが連想すること～

1 「テレビ」って何だろう

1-1 4K，8Kテレビ，スマートテレビの時代へ

　テレビは「進化」を続けている。地上波テレビがデジタル放送へ移行を完了して間もない昨今，量販店の店頭で見た4Kテレビの映像には驚いた。画素数がハイビジョンの4倍あるそうだが，単に映像がきめ細かくなるのではなく画面に奥行きが出て立体感がある。これまでのテレビとは質的に違うのだ。番組制作者たちはどんな風に感じているのだろう。さらに8Kテレビの開発も進んでいるという。

　「スマートテレビ」という言葉もよくに耳にする。インターネット機能を完全に取り込み，薄型モニターで放送番組のみならずYouTube等の動画を含め「あらゆるもの」を検索して「視聴」することができるという。もしそうならテレビというよりも「巨大スマートフォン」である。

　最先端のデジタル通信・映像技術をベースに作られるこれらのテレビは，これまでのテレビにはなかったさまざまな機能を備えて「テレビ」という概念をはるかに超えた存在となっていくのではないだろうか。文字どおり「夢のテレビ」かもしれないが，そのメディアを人々は変わらずテレビと呼び続けるだろうか。ひょっとしてその時こそ本当に，テレビが消えてなくなる時かもしれない。

技術者に聞くと，すでに現在のテレビ受像機は従来のようなアナログ技術に依拠したものではなく，デジタル集積回路の塊としてむしろ「パソコンに近いもの」なのだという。そうすると，「テレビ」や「テレビ番組」や「テレビ放送」という言葉も，いずれは，動画，モニター，配信，デバイス，ユーザー，コンテンツなどのデジタル的なタームの中に埋もれて消えていくのだろうか。テレビっ子として育った筆者は一抹の寂しさを感じる。

　ただ，こうした議論には家電業界，通信業界，放送業界あるいは中央官庁などが主体となった技術論的・制度論的視点が先行している感も否めない。視聴者側の視点や意向が置き去りにされているのではないかという危惧も感じる。

　そこで本稿では視聴者の視点に立ち戻り，現在の一般の人々が「テレビというもの」をどのような存在と考えているのか，視聴者が抱く「テレビ像」を確認することを目指した。

1-2　希薄になるテレビと身近になるスマートフォン

　1959生まれの筆者にとって「テレビとは何であるか」は非常に明快だった。テレビに最も接触したのは子ども時代だが，関東地方で育った私の場合，テレビ＝NHK＋東京キー5局の番組という揺るがぬ図式のもとにその頃を過ごした。お茶の間で見るウルトラマンやドリフターズやベストテンがすなわちテレビそのものであった。

　今はそうではない。地上波以外に30チャンネル余りのBSテレビ，100をゆうに超すCS専門チャンネルがある。「テレビ」という言葉からNHKや地上波民放ではなく，アニメ専門チャンネル，釣り専門チャンネルを第一に思い出す人もいるかもしれない。

　さらにテレビはさまざまな見方が可能になった。1980年代に普及したホームビデオによるタイムシフト視聴は，今やハードディスクレコーダーの技術進歩により録画時間量，チャンネル数ともに格段に増え，種々のテレビメタデータの利用も可能になった。何よりも操作性の簡便化がタイムシフト視聴を老若男女の間に広く浸透させたのだ。

そしてまた，われわれの身の回りには今「テレビ番組の類似品」があふれている。動画技術，配信技術の発達により地下鉄の車両の壁にも動画，コンビニの待ち時間にも動画，ビル壁にも動画である。もちろん家に帰ればパソコンを立ち上げYouTubeで世界中の動画を楽しめるし，望めば自ら撮った動画を投稿することもできる。

デジタル動画に囲まれ，そうしたライフスタイルを当然のこととして受け入れている視聴者たちに，あらためて「テレビとは何なのか」，聞いてみたい。彼らがテレビに対して明快かつ一様なイメージを持っているとは考えにくいのである。

そんな中，若年層における「テレビの存在感の希薄化」を指摘する声もある。NHK 2008年春の研究発表・ワークショップ『テレビは20代にどう向き合ってゆくのか』の中の調査報告において，20代における「テレビを見ない人の増加や夜間の視聴率の低下」「漠然とした視聴態度の増加や視聴習慣の弱まり」が報告され，こうした変化についてテレビ視聴の「希薄化」が起こっているのではないだろうかと指摘されているのだ[1]。

筆者が大学生など身近な若者のメディア行動を観察するかぎり，上記の指摘は非常に説得力がある。そして，この傾向はますます強まっているように思える。彼らにとって最も身近なメディアはテレビではなくスマートフォンである。スマートフォンがなくては，友人との交際もバイトも就職活動もできない。ネットやモバイルによる情報摂取と情報発信をきわめて自然かつ巧妙に行う彼らは，テレビのことを既存メディアあるいはオールドメディアと呼んで次第に距離を置きつつあるようにもみえる。

本研究では，こうしたメディア環境の変化も踏まえ，現在の人々にとってテレビがどういうものと考えられているかを視聴者意識調査から明らかにしたい。

2 テレビへの態度と「テレビから連想するもの」の調査

2-1 調査と分析の視点

　今，人々はテレビをどのようなものと考え，またどのようなイメージを抱いているのだろうか。これを解明することが今回の調査の目的である。現時点でこれを確認することは，テレビがこの先さまざまな機能拡張をし「新たなテレビ（スマートテレビ？）像」を獲得していくにあたっての「出発点」を知ることも意味するだろう。

　調査は広範な年齢層の人々を対象にした。メディア環境が大きく変化してきた今，若年層と中高年層ではテレビへの意識もイメージもかなり異なったものになっているだろうと考えたからである。

　調査項目としては，回答者の「テレビへの態度」と「テレビから連想するもの」を２本柱にした。分析においては，それらの項目が回答者年齢及びスマートフォン使用程度によってどのように異なるかをみていくことにした。もちろんこれら以外にも，職業，家族構成，好みの番組ジャンル，情報ニーズなどさまざまな要因が考えられよう。しかし，テレビがマスコミの王様としてメディアの中心に君臨した時代に育った世代とネットやモバイルデバイスが発達した環境に育った新しい世代とでは，テレビに対する態度やテレビから連想するものが根本的に異なっているのではないかとの推測から，年齢層を最も重視すべき第１の変数と考えたのである。

　また前述のとおり最近の若者を見るかぎり，メディアとしての身近さという点においてスマートフォンがテレビをはるかに凌いでいる印象がある。そこで，第２の変数としてスマートフォンの使用程度に着目した。もちろん，スマートフォンは若年層ほど使用率が高いから，分析にあたっては年齢層をコントロールした上で比較するなどの工夫も必要となる。

2-2 調査と分析のアウトライン

　視聴者調査は，マクロミル社の20〜79歳の登録モニターを対象にウェブ法

（インターネット調査）を用いて行った。前述のとおり質問内容は，(1)回答者のテレビに対する態度，と(2)回答者が「テレビ」という言葉から何を連想するかに大別できる。

調査の実施は以下の概要に示す手続きに従った。

〈実施概要〉
・実施時期：2014年1月27日（月）～29日（水）
・調査対象：マクロミル社のウェブ調査登録モニター619サンプル
　　　　　　全国の20～79歳の男女
・対象者条件：20代～70代（10歳刻みの6つの年代）×性別（男・女）の12セル（6×2）に50人ずつ割当て，調査地点に関しては地域（北海道，東北，関東，中部，近畿，中国，四国，九州の8地域）レベルである程度人口構成に近くなるように割当てた。
・実施方法　ウェブ法
・調査実施機関　㈱マクロミル社
・質問項目
(1)　テレビへの態度
　　1）テレビへの接触量
　　　　平日と休日のそれぞれの接触時間量をカテゴリー尺度法で聞いた。
　　2）テレビに対する意識
　　　　①テレビで放送される番組の中の情報はどの程度信頼できるものだと思うか（テレビへの信頼度）
　　　　②欠かさず見るテレビ番組の有無（テレビ視聴習慣）
　　　　③自分にとってテレビは娯楽のためのものか,情報を得るためのものか（娯楽志向－情報志向）
　　　　④今のテレビ番組に満足しているか否か（テレビへの満足度）
　　　　⑤テレビ放送がなくなったら困るか（テレビの必要性）
　　3）テレビ視聴方法
　　　　①ハードディスク録画の頻度

図表1　視聴者インターネット調査・単純集計表

単一回答	(%)
男性 20 代	8.2
男性 30 代	8.2
男性 40 代	8.4
男性 50 代	8.2
男性 60 代	8.4
男性 70 代	8.4
女性 20 代	8.4
女性 30 代	8.4
女性 40 代	8.2
女性 50 代	8.2
女性 60 代	8.4
女性 70 代	8.4
全体 (N)	619

(%)

sq1	あなたは普段，どの程度テレビを視聴しますか。平日・休日それぞれについて最も当てはまるものをひとつずつお選びください。単一回答	全体 (N)	1 10時間以上	2 8時間未満～10時間	3 6時間未満～8時間	4 4時間未満～6時間	5 3時間未満～4時間	6 2時間未満～3時間	7 1時間未満～2時間	8 1時間未満	9 ほとんどテレビは見ない
1	平日にテレビを視聴する時間（1日あたりの平均）	619	3.9	3.4	6.3	16.8	16.5	19.5	20.5	7.9	5.2
2	休日のテレビを視聴する時間（1日あたりの平均）	619	4.5	4.5	11.0	17.8	20.8	20.0	13.4	4.4	3.6

(%)

q2	テレビで放送される番組のなかの情報はどの程度信頼できるものだと思いますか。単一回答	
1	とても信頼できる	2.1
2	ある程度信頼できる	78.5
3	あまり信頼できない	17.4
4	まったく信頼できない	1.9
	全体 (N)	619

(%)

q3	テレビに関して，以下の項目についてそれぞれあなたのお考えに近いもの，ひとつずつお選びください。単一回答	全体（N）	1 A	2 どちらかといえばA	3 どちらともいえない	4 どちらかといえばB	5 B
1	欠かさず見るテレビ番組がある／欠かさず見るテレビ番組はとくにない	619	41.7	38.6	6.8	6.1	6.8
2	自分にとってテレビは娯楽のためのもの／自分にとってテレビは情報を得るためのもの	619	12.3	36.3	27.1	19.5	4.7
3	今のテレビ番組には満足しているほう／今のテレビ番組には不満を感じているほう	619	4.2	24.9	27.3	25.0	18.6
4	テレビ放送がなくなったら，自分は困ると思う／テレビ放送がなくなっても，自分は困らないと思う	619	25.8	29.2	16.0	14.1	14.9

※1〜4の意見はA／Bの順

(%)

q4	以下の視聴行動を，あなたはどの程度行うことがありますか。それぞれについて，あてはまるものをひとつずつお選びください。単一回答	全体（N）	1 とてもよく行う	2 ときどき行う	3 やったことはあるが，ほとんどしない	4 一度もやったことはない
1	ハードディスクなどに録画しておいたテレビ番組を見ること	619	42.5	27.3	16.8	13.4
2	テレビを見ながらツイッターでつぶやいたりラインなどをすること	619	3.6	10.2	15.2	71.1
3	自宅の外にいる時に，録画しておいたテレビ番組をスマートフォンなどで見ること	619	0.6	1.8	5.3	92.2
4	自宅の外にいる時に，テレビ番組以外の動画をスマートフォンなどで見ること	619	2.9	13.7	13.1	70.3

※本調査においては，本稿で紹介した以外にも質問を行っているため，質問番号（q番号）は連番にならない。

(%)

q7	あなたはふだんスマートフォンをどの程度使いますか。単一回答	
1	非常によく使う（なしでは生きていけない）	18.6
2	ある程度は使う（なくても生きていけるが）	21.6
3	持っているがあまり使わない	5.0
4	持っていない	54.8
	全体（N）	619

　②視聴しながらのツイッター・ラインの頻度
　③自宅外のテレビ番組視聴
　なお，上記の(1)の質問文と回答選択肢については，【図表1】の単純集計表を参照のこと。
(2)　テレビという言葉からの連想
　質問のワーディングは，「あなたにとって『テレビ』とはどのようなものですか」。回答形式に被験者連想ネットワーク法[2]を用いたことが今回の調査のユニークな点である。
　被験者連想ネットワーク法を活用するにあたって，マクロミル社の「マインドミル」というシステムを使用した。本システムにより，ウェブのブラウザを介して被験者（アンケートの回答者）個人の脳内の連想ネットワークを収集することが可能となる。このシステムは主として商品ブランドのイメージ把握のために用いられているという。
　われわれの記憶の中の知識はバラバラにあるのではなく，関連する知識どうしが結びつきあってネットワーク状になって存在すると考えられている[3]が，商品のブランド名等に関しても同様にブランド名から連想される関連語のネットワークとして存在していると考えられる。そしてこの手法はこの連想全体の把握を目的としているのである。
　実際の回答局面においては，回答者がウェブ上の回答画面の中央に提示されたキーワード（通常は調査対象となるブランド名であるが本研究の調査の場合には，「あなたにとって『テレビ』とはどのようなものですか」という表記）

からマウスをドラッグすると線が引かれその先に連想したワードを記入する円が現れる。回答者は、その円の内部に連想したワードを記入する。さらに連想が続いてワードが想起されればマウスで同様の作業をして次のワードを記入する。記憶語どうしに関連がある場合、それらに線（リンクという）を引くこともできる。

　通常の対面インタビューと違ってインタビュアーなどを介さずに被験者本人が自分だけで連想を続けていけること、連想が単発に終わらず複数の連想を把握し、さらには連想相互の結びつきも得て連想をネットワークとして把握できるところにメリットがあるという。回答画面のイメージについては、上田が例示している「初期画面」と回答後の「調査結果画面」を【図表2】に引用した[4]。

　なお、今回の調査においては、対象者にまず例題（ビールのブランド名からの連想を回答させる）を1問試しに回答して慣れてもらってから、本題の質問（「あなたにとって『テレビ』とはどのようなものですか」）に回答させる形をとった。

図表2　連想ネットワーク法の初期画面と結果画面のイメージ

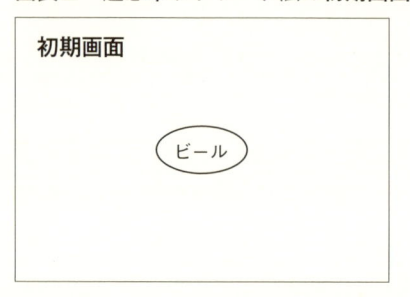

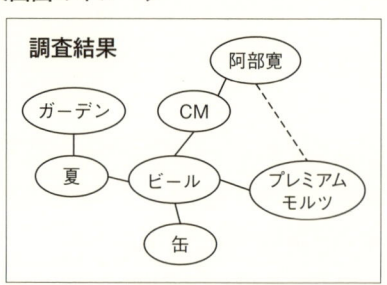

3　「テレビへの態度」の年齢層及びスマートフォン使用程度による違い

3-1　回答者の年齢幅について

　回答者の年齢は、満20歳から79歳までで、平均は49.2歳。調査時期は

2014年1月なので，満79歳はほぼ1934生まれ，20歳はほぼ1993年である。この間の日本のメディア情報環境の変化は非常に大きいため，彼らのテレビとの出会いやつき合い方には大きな違いがあると考えられる。

今回の最年長回答者（1934年生まれ）が20歳になる手前の1953年に日本でテレビ放送が始まったので，彼らには子どもの頃テレビを見た経験がない。大人になってから「テレビというもの」を知り，20代の時にテレビ受像機は大きく普及していく。30歳になる1964年は東京五輪の年であり，日本の一般家庭のテレビ受像機の普及率[5]は87.8%に達した。

今回の調査対象者の平均年齢は49.2歳だから，ちょうどその1964年生まれである。生まれたときにすでに9割の世帯にテレビ受像機があった世代である。ただし，これは白黒テレビである。その後カラーテレビの普及が一気に進んで，10歳になる1974年にはカラーテレビの一般世帯普及率は85.9%になる。

今回の調査で一番若いのは，1993年生まれである。当然この年のカラーテレビの世帯普及率はほぼ100%。子ども時代には，ポケベル，携帯電話，インターネットといった新しいメディアが次々と登場した。そして1990年代以降の携帯電話の爆発的な普及を背景に，後継のスマートフォンに代表されるネット・モバイル動画ツールを使いこなす人たちは「ネオ・デジタルネイティブ」世代とも呼ばれ，情報処理の仕方に関してそれまでの世代とは脳の構造が異なっているのではないかという指摘まである[6]。

■ 3-2 「テレビへの態度」の年齢層による違い

(1)テレビへの接触量，(2)テレビに対する意識，(3)テレビ視聴方法について，年齢層による違いをみていく。

(1) テレビへの接触量

平日4時間以上テレビに接している割合がもっとも多いのは，60代の42%，ついで70代の38%であり，最も少ないのは40代の21%。あとは，20代25%，30代27%，50代27%で，統計的な有意差があった。[7]

有意差はないものの，休日についてもほぼ同様の傾向がみられた。

ただし，これらの結果は「NHK 国民生活時間調査」の結果と全面的には一致しない。「国民生活時間調査」では，年齢が増すとともに直線的にテレビ視聴時間が増え，70歳以上の層が最もよくテレビを見るという結果になったが[8]，本調査では上述の如くそうはならなかった。「NHK 国民生活時間調査」の対象者がランダムサンプリングに基づくのに対して，本調査がインターネット調査の登録モニターを対象にしている点も原因の1つかもしれない。

(2) テレビに対する意識
①テレビへの信頼度

テレビ放送される番組中の情報に対する信頼感を尋ねており，回答選択肢は「とても信頼できる」「ある程度信頼できる」「あまり信頼できない」「まったく信頼できない」の4段階。全体として「とても信頼できる」2％と「ある程度信頼できる」79％をあわせると回答者の8割を超えており，一定程度の信頼は勝ち得ていることがうかがえる。

年齢層による有意差が認められ，「とても信頼できる」と「ある程度信頼できる」の回答をあわせたパーセンテージは，70代88％，60代84％と8割を超えるのに対し，20代では68％と7割を切る。「まったく信頼できない」と強い不信感を示す回答は，50〜70代では1％，30代40代は2％にとどまるのに対し，20代は5％に達する。割合として決して高い数字ではないものの，若年層に見られるこの傾向は気になるところである。

②欠かさず見る番組

欠かさず見る番組はあるかとの質問に対して，全体では「ある」42％，「どちらかといえばある」39％であり，あわせて8割の人が欠かさず見る番組があると回答した。「欠かさず見る番組はとくにない」7％，「どちらかといえばない」6％を大きく上回っている。

年齢層による有意差があり，やはりここでも20代が「ある」は73％と最も

低い。逆に,「欠かさず見る番組はとくにない」「どちらかといえばない」の回答は,各年代中20代が最も多く20％に達する。テレビへの信頼度の低さとも相まって,若年層のこうした傾向は気になるところである。

本調査では別途視聴時間量（平日・休日）も聞いているため重複感があるかもしれない。しかし,放送番組はネットと違って,週1回もしくは平日毎日決まった時間に見てもらうようテレビ局が編成しているところに特徴がある。したがって「欠かさず見る」という姿勢の有無を尋ねることで日常生活におけるテレビ視聴の習慣性の強さを確認できると考えた。

③テレビは娯楽か,情報か

テレビは娯楽のためのものか,情報を得るためのものかという質問に対し,全体では娯楽49％,情報24％,中間27％という回答が得られた。主としてテレビは娯楽メディアとして認識されているようだ。

年齢層による差も有意である。20代においては,娯楽65％,情報17％と娯楽志向が最も鮮明になる一方,70代では娯楽42％に対して情報32％と情報志向が高まる。テレビというメディアは,年配層ほど情報メディアとしての,若年層ほど娯楽メディアとしての意味合いを増す。

④テレビに満足か,不満か

今のテレビ番組に満足しているか,不満を感じているかという質問には,「満足」「どちらかと言えば満足」をあわせて29％に対し,「不満」「どちらかといえば不満」をあわせた不満評価は44％と満足評価を上回った。年齢層による有意差はない。

満足29％,不満44％という結果は,テレビに対してかなり厳しい評価を下されたといえよう。ただし,日ごろのテレビに対する満足・不満を問う質問は,調査対象サンプルの性格や聞き取り方法なども影響してくるようである。ちなみに,TBS系列が行ったJNNデータバンク全国調査（2013年11月）では,満足43％,不満39％であった[9]。

⑤テレビは必要か

「テレビ放送がなくなったら自分は困ると思うか」という質問に,「困る」26％,「どちらかといえば困る」29％と,あわせて55％が必要性を表明しており,「困らない」15％,「どちらかといえば困らない」14％を足したテレビ不要派の29％を大きく上回った。

しばしば「テレビ離れ」が指摘される20代も「困る」30％,「どちらかといえば困る」24％とあわせて過半数がテレビの必要性を認めており,年齢層による有意差もない。前質問においてテレビに対する不満が比較的高く出たものの,依然「テレビは必需品である」との認識が年代を超えて存在することが確認できた。

(3) テレビ視聴方法

テレビの視聴方法については,ハードディスク（以下,HD）による録画視聴,視聴しながらのツイッター・ライン利用,スマートフォンなどモバイル端末での自宅外録画番組視聴の3点を聞いた。【図表1】の単純集計表のとおり,回答は「とてもよく行う」「ときどき行う」「やったことはあるが,ほとんどしない」「一度もやったことはない」の4段階でたずねた。

HD録画視聴は,「とてもよく行う」が43％に達し,「ときどき行う」の27％を足すと7割が利用者で,「利用したことがない」という回答は13％であった。機械操作は不得手と目される高齢層でも「HDで録画をしたことはない」は70代20％,60代18％にとどまった。扱いやすく利便性の高い商品が出回っているためであろうし,また対象者がネット調査モニターであるという事情も関係があろう。年齢層による有意差は認められなかった。

テレビを見ながらのツイッターやラインは,「したことがない」人が71％と圧倒的で,「とてもよく行う」4％,「ときどき行う」10％にとどまった。食事,新聞,メールなどと並行しての「ながら視聴」がテレビの大きなメディア特性であるが,ツイッターやラインはまだハードルが高いようだ。

年齢層によって有意差がある。「とてもよく行う」は,50歳以上の層ではゼロ,

30代，40代も5％未満であったが，20代では13％存在した。「ときどき行う」の19％とあわせると20代は3割超が日常的にテレビとツイッター・ラインを併用しているようで，それより上の年代との間に断層があった。

　自宅の外にいる時に録画しておいたテレビ番組をスマートフォンなどで見ることは，多忙なビジネスパーソンなどに特徴的な行動と考えられるが，現実には非常に少なく92％が「したことがない」と回答した。

　これも年齢による統計的有意差が認められ，「したことがある」割合は，20代13％，30代10％，40代14％とこの3層で1割を超えている。この視聴方法は，年齢よりもむしろ通勤通学距離など生活スタイルとの関係が深いと思われる。

■ 3-3 「テレビへの態度」のスマートフォン使用程度による違い

(1)　テレビへの接触量のスマートフォン使用程度による違い

　スマートフォンの使用程度とテレビ視聴程度の関係をみるためクロス集計したところ，平日でも休日でも統計的な有意差はみられなかった。スマートフォンを含む携帯インターネットとテレビとの親和性は強く，テレビをみながらスマートフォンを操作するという並行行動がしばしばみられる[10]とのことだが，本調査もそのことを裏付けている。スマートフォンの利用がテレビ接触時間を侵食するというような喰い合い関係にはなってはいないということであろう。

(2)　テレビに対する意識のスマートフォン使用程度による違い

　「スマートフォン使用程度」は「非常によく使う」「ある程度は使う」「持っているがあまり使わない」「持っていない」の4段階である。

　一方，テレビに対する意識は，①テレビへの信頼度，②欠かさず見る番組の有無，③テレビは娯楽か，情報か，④今のテレビに満足か，不満か，⑤テレビは必要か，という5項目である。

　①テレビへの信頼度は「とても信頼できる」「ある程度信頼できる」「あまり信頼できない」「まったく信頼できない」の4段階，②欠かさず見る番組の有無は，「ある」「どちらかといえばある」「どちらともいえない」「どちらかとい

えばない」「ない」の5段階選択肢である。③〜⑤も②に準ずる形の5段階選択肢で聞いた。

5項目の意識のうちスマートフォン使用程度によって有意差が認められたのは，①テレビへの信頼度及び③テレビは娯楽のためか，情報のためか，の2項目だけであった。②欠かさず見る番組の有無，④今のテレビに満足か，不満か，⑤テレビは必要か，の3項目はスマートフォン利用程度とは無関係である。

テレビへの信頼度は，「スマートフォンをある程度は使う」という回答者においてテレビを「あまり信頼できない」「まったく信頼できない」の回答率が高く「ある程度信頼できる」の回答率が低くなり，また「持っているがあまり使わない」という回答者において「テレビの情報はある程度信頼できる」の回答率が高く「テレビはあまり信頼できない」の回答率が低くなる傾向が顕著である。

「テレビは娯楽のためのものか，情報を得るためのものか」という質問については，「スマートフォンを非常によく使う」という層では，「娯楽のため」「どちらかといえば娯楽」の回答率が高く「どちらともいえない」が少なかった。逆にスマートフォンを「持っているがあまり使わない」人は「どちらともいえない」の比率が高く，「持っていない」の回答者は「どちらともいえない」と「情報を得るため」が多かった。

(3) テレビ視聴方法

スマートフォン使用程度が高いほど，HDへの録画番組視聴頻度も高くなる傾向が有意にみられた。機械への親和性が高いということだろうか。

視聴方法のその他の2項目は，スマートフォンの所有や使用が前提となる行為であることから，有意差があるのは当然であった。

■ 3-4　20代における「テレビへの態度」のスマートフォン使用程度による違い

日ごろの経験からスマートフォン使用率は若年層ほど多くなるような印象が

あるが，念のため本調査データで年代別スマートフォン使用程度を確認すると，やはり「非常によく使う」が20代52％，30代28％，40代16％，50代7％，60代8％，70代2％と年齢差は歴然としている。もちろん有意差もある。

このことを踏まえ，さらに20代サンプルに限って，スマートフォン使用程度によるテレビへの態度やテレビからの連想の違いを分析してみた。

20代層は「非常によく使う」52％，「ある程度使う」28％，「持っていない」20％の3グループに分かれる。クロス集計（異なる質問項目どうしの関係をみる分析）をすると，テレビ接触時間（平日，休日），テレビへの態度の5項目，テレビ視聴方法の3項目ともすべてスマートフォン使用程度による差は有意でなかった。

なお第2～3節で行ったクロス集計の有意差検定結果については，【図表3】に一覧表に整理した。

スマートフォン使用程度と「テレビの情報への信頼度」及び「テレビは娯楽

図表3　クロス集計の有意差一覧表

	年齢層 （10歳刻み）	スマートフォン 使用程度 （全体対象）	スマートフォン 使用程度 （20代対象）
テレビ接触時間（平日）	＊	ns	ns
テレビ接触時間（休日）	ns	ns	ns
テレビ番組の情報への信頼度	＊	＊＊	ns
欠かさず見るテレビ番組の有無	＊	ns	ns
テレビは娯楽のためか情報のためか	＊＊	＊	ns
今のテレビ番組に満足か不満か	ns	ns	ns
テレビ放送が無いと困るか	ns	ns	ns
ハードディスクへの番組録画	ns	＊	ns
テレビ視聴時のツイッターやライン	＊＊	＊＊	ns
自宅外での録画番組視聴	＊	＊＊	ns

＊＊：危険率1％水準で有意差あり
＊　：危険率5％水準で有意差あり
ns　：有意差なし

のためか情報のためか」とのクロス集計は，双方とも全体サンプルにおいては有意差が見られたが，20代に限定したサンプルでは有意差は見られなかった。「テレビ情報への信頼度」は若年層ほど有意に低く，また「スマートフォン使用程度」は若年ほど有意に高いため，「テレビ情報への信頼度」と「スマートフォン使用程度」には逆相関がみられたが，20代サンプルだけに絞って年齢要因をコントロールするとその関係が消えたということであろう。

　念のため30代～70代までのそれぞれの年齢層ごとに同様のクロスを行ったところ，すべての年齢層において有意差はなかった。

4 「テレビから連想すること」の年齢層及びスマートフォン使用程度による違い

4-1 「テレビ」から連想することの年齢による違い

　質問文は「あなたにとって『テレビ』とはどのようなものですか」である。パソコンに向かっている回答者は，画面中央の「あなたにとって『テレビ』とは？」という表示から線を引っ張ってそこに表れる円の内に連想語（ワード）を記入する。この第1階層（マインドミルでは「起点」と呼んでいる）のワード想起は最大10個まで許される。回答者はそこからさらに線を引っ張って第1想起ワードから連想される語（1つだけ）を記入することもでき，最大第5階層まで許される。

　連想ワードは基本的に名詞もしくは名詞に準ずる語句である。また，抽出に当たっては「情報」と「情報源」，「暇つぶし」と「時間つぶし」，「ニュース」と「ニュース番組」など非常に類似したり意味的な重なりが大きかったりするものもあったが，言葉のニュアンスを重視すべきとの考えから，分けて別々にカウントした。

　連想ネットワーク法を用いて得られたデータに対しては，想起されたワードの総数，第1想起されたワードの数（基点の数），一起点あたりの連想の数な

どを指標とした量的分析も可能であるが，本研究においては想起されたワードの意味内容に焦点を当てた質的分析を行った。

また今回の研究においては，連想によって想起されたワードのうち第1階層の想起語つまり「テレビ」という言葉から直接連想されたワードのみに着目した。これは第2階層以降の想起ワードの多くが個々人によって細かく分散していく傾向があったことなどが理由である。

サンプル全体（n＝619）でみた想起頻度の高いワードベスト30を【図表4】に示した。最も多いのは，「娯楽」211名であり，ほぼ3人に1人近くがそう答えた。ついで「暇つぶし」178名，「情報源」161名，「ニュース」123名，「ドラマ」119名と続いた。

回答者の年代による違いは思いのほか少なかった。年齢層別ランキングは【図表5】のとおり[11]だが，各年代のベスト10を比べると7つのワードが6つの年代で共通している。それは「娯楽」「暇つぶし」「情報源」「ニュース」「ドラマ」「楽しい」「情報」であった。

回答者年齢が20歳から79歳までと幅広く，街頭テレビ体験世代から地デジ世代までたいへん広範であることを考えると少々意外な結果であった。しかし，年齢層によってイメージがぶれない傾向は，ある意味でテレビのマスメディアとしての健全性・頑健性を示すものともいえよう。

しかし，その一方で年代によって現れ方の異なるキーワードもいくつかみられた。

「知識」というワードを連想した人は70代で9人（第7位）と各年齢層の中で最も多いが，60代では6人，50代で3人，40代で3人と減り，10代20代ではまったくいない。これに関連して70代では「知識を得る」4人，「知識の宝庫」2人，「勉強」4人，「教養」3人，「教育」3人などのワードも現れており，60代でも「教養」4人，「教育」2人，50代でも「教養」が5人いる。しかし，40代やそれよりも若い年代になると，こうしたワードはとたんに減って見当たらなくなる。これらのことから年配層ほどテレビを知識・教養のメディアあるいは勉強のメディアと考える傾向にあることが読み取れよう。

これとは逆の傾向を示すのが「情報収集」である。20代で11人（第11位），30代で9人（第10位）と上位に現れるが，40代で4人，50代で7人，60代で4人，70代4人にとどまる。「情報収集」といえば，一般的には身近なツールであるパソコンやインターネットを思い出す人が多いであろうが，若年層では年配層に比べテレビも情報収集ツールとして認識される傾向が強いようである。

おもしろいのが「時計」もしくは「時計代わり」である。70代では「時計」が4人，「時計代わり」が3人，60代で「時計」3人，50代「時計」2人，40代で「時計代わり」3人，「時計」2人と各年

図表4　「テレビ」から連想された言葉（第1階層）

（全体対象，n = 619）

No.	単語	件数	割合
1	娯楽	211	34.1%
2	暇つぶし	178	28.8%
3	情報源	161	26.0%
4	ニュース	123	19.9%
5	ドラマ	119	19.2%
6	楽しい	90	14.5%
7	情報	84	13.6%
8	楽しみ	70	11.3%
9	面白い	52	8.4%
10	情報収集	39	6.3%
11	バラエティ	36	5.8%
12	必需品	33	5.3%
13	時間つぶし	32	5.2%
14	映画	29	4.7%
15	生活の一部	26	4.2%
16	コマーシャル	25	4.0%
17	家族団らん	24	3.9%
18	アニメ	23	3.7%
18	なくてはならないもの	23	3.7%
20	知識	22	3.6%
21	録画	21	3.4%
22	天気予報	20	3.2%
23	お笑い	19	3.1%
23	家電	19	3.1%
25	音楽	18	2.9%
25	友達	18	2.9%
27	スポーツ	17	2.7%
28	教養	16	2.6%
28	趣味	16	2.6%
30	NHK	14	2.3%
30	スポーツ観戦	14	2.3%

代に出現するが，30代20代の人たちにはまったく想起されない。20代30代の若年層の間では時刻の確認は常時携帯するスマートフォンや携帯電話で行うのがふつうになってきているせいではないだろうか。もしくはタイムシフト視聴の普及のしかもしれない。

図表5　年齢層別「テレビ」から連想されるワード（第1階層）

No.	20代 (n=103) 単語	割合	30代 (n=103) 単語	割合	40代 (n=103) 単語	割合	50代 (n=102) 単語	割合	60代 (n=104) 単語	割合	70代 (n=104) 単語	割合
1	暇つぶし	41.7%	暇つぶし	35.9%	情報源	35.9%	娯楽	39.2%	娯楽	35.6%	娯楽	36.5%
2	娯楽	33.0%	娯楽	27.2%	娯楽	33.0%	情報源	33.3%	情報源	26.9%	ニュース	28.8%
3	情報源	28.2%	情報源	23.3%	暇つぶし	29.1%	暇つぶし	29.4%	ニュース	23.1%	ドラマ	20.2%
4	楽しい	24.3%	ニュース	20.4%	ドラマ	19.4%	ニュース	24.5%	暇つぶし	22.1%	暇つぶし	14.4%
5	ドラマ	22.3%	ドラマ	16.5%	楽しい	14.6%	ドラマ	19.6%	ドラマ	17.3%	楽しみ	13.5%
6	情報	20.4%	楽しい	16.5%	情報	12.6%	楽しみ	16.7%	楽しみ	15.4%	楽しい	10.6%
7	バラエティ	12.6%	情報	16.5%	ニュース	11.7%	情報	12.7%	楽しい	10.6%	情報	8.7%
8	面白い	12.6%	面白い	13.6%	必需品	10.7%	情報	12.7%	楽しい	8.7%	情報源	8.7%
9	アニメ	10.7%	バラエティ	8.7%	楽しみ	8.7%	バラエティ	7.8%	必需品	7.7%	知識	8.7%
10	ニュース	10.7%	情報収集	8.7%	録画	7.8%	映画	7.8%	面白い	7.7%	時間つぶし	6.7%
11	情報収集	10.7%	生活の一部	6.8%	なくてはならないもの	6.8%	時間つぶし	7.8%	天気予報	6.7%	面白い	6.7%
12	楽しみ	8.7%	お笑い	5.8%	時間つぶし	6.8%	情報収集	6.9%	NHK	5.8%	必需品	5.8%
13	家族団らん	7.8%	家族団らん	5.8%	バラエティ	4.9%	面白い	6.9%	コマーシャル	5.8%	コマーシャル	4.8%
14	映画	5.8%	楽しみ	4.9%	息抜き	4.9%	趣味	5.9%	知識	5.8%	家族団らん	4.8%
15	毎日見る	5.8%	アニメ	3.9%	アニメ	3.9%	家族団らん	4.9%	映画	4.8%	映画	3.8%
16	エンターテイメント	4.9%	なくてはならないもの	3.9%	お笑い	3.9%	家電	4.9%	生活の一部	4.8%	音楽	3.8%
17	お笑い	4.9%	時間つぶし	3.9%	コマーシャル	3.9%	教養	4.9%	録画	4.8%	時計	3.8%
18	コマーシャル	4.9%	天気予報	3.9%	音楽	3.9%	友達	4.9%	スポーツ	3.8%	情報収集	3.8%
19	芸能人	4.9%	うるさい	2.9%	情報収集	3.9%	スポーツ観戦	3.9%	なくてはならないもの	3.8%	知識を得る	3.8%
20	無料	4.9%	スポーツ観戦	2.9%	生活の一部	3.9%	つまらない	3.9%	音楽	3.8%	勉強	3.8%
21	生活の一部	3.9%	映画	2.9%	友達	3.9%	NHK	2.9%	教養	3.8%	NHK	2.9%
22	日常	3.9%	映像	2.9%	映画	2.9%	クイズ番組	2.9%	時間つぶし	3.8%	スポーツ	2.9%
23	無いと困る	3.9%	音楽	2.9%	家族団らん	2.9%	コマーシャル	2.9%	情報収集	3.8%	スポーツ観戦	2.9%
24	流行	3.9%	家電	2.9%	時計代わり	2.9%	スポーツ	2.9%	大好き	3.8%	タレント	2.9%
25	話題	3.9%	好き	2.9%	知識	2.9%	なくてはならないもの	2.9%	くだらない	2.9%	教育	2.9%
26	くだらない	2.9%	趣味	2.9%	薄型	2.9%	液晶	2.9%	だんらん	2.9%	教養	2.9%
27	スポーツ	2.9%	電化製品	2.9%	面白い	2.9%	音楽	2.9%	家族団らん	2.9%	時計代わり	2.9%
28	なくてはならないもの	2.9%	日常	2.9%	BGM	1.9%	学習	2.9%	好き	2.9%	趣味	2.9%
29	好き	2.9%	必需品	2.9%	DVD	1.9%	情報元	2.9%	時計	2.9%	政治	2.9%
30	大好き	2.9%	便利	2.9%	ストレス解消	1.9%	生活の一部	2.9%	民放	2.9%	生活の一部	2.9%
31	地デジ	2.9%	無いと困る	2.9%	スポーツ	1.9%	知識	2.9%	無くてはならない	2.9%	天気予報	2.9%
32	必要	2.9%	面白くない	2.9%	スポーツ観戦	1.9%	日常	2.9%	余暇	2.9%	電波	2.9%
33	必要不可欠	2.9%	友達	2.9%	だんらん	1.9%	必需品	2.9%	話題	2.9%	未知の世界	2.9%
34	録画	2.9%	NHK	1.9%	ドキュメンタリー	1.9%	必要	2.9%	お笑い	1.9%	無いと困る	2.9%
35	つまらない	1.9%	ゲーム	1.9%	興味深い	1.9%	文化	2.9%	クイズ	1.9%	目が疲れる	2.9%
36	ニュース番組	1.9%	コマーシャル	1.9%	芸能人	1.9%	アニメ	2.0%	ストレス解消	1.9%	友達	2.9%
37	ブラウン管	1.9%	ストレス解消	1.9%	見る	1.9%	うるさい	2.0%	スポーツ番組	1.9%	話題	2.9%
38	マスメディア	1.9%	スポーツ	1.9%	時計	1.9%	タレント	2.0%	ドキュメンタリー	1.9%	うるさい	1.9%
39	リラックス	1.9%	だんらん	1.9%	情報ツール	1.9%	だんらん	2.0%	ブラウン管	1.9%	スポーツ中継	1.9%
40	一方通行	1.9%	ゆっくりする時間	1.9%	生活	1.9%	ドキュメンタリー	2.0%	映画鑑賞	1.9%	ためになる	1.9%
41	家族団らん	1.9%	リラックス	1.9%	大好き	1.9%	ミステリー	2.0%	液晶テレビ	1.9%	だんらん	1.9%
42	学べる	1.9%	一方的	1.9%	天気	1.9%	安らぎ	2.0%	画像	1.9%	ないと寂しい	1.9%
43	感動	1.9%	家族	1.9%	天気予報	1.9%	家族	2.0%	教育	1.9%	ないと寂しい	1.9%
44	共感	1.9%	海外ドラマ	1.9%	必要	1.9%	感動	2.0%	芸能	1.9%	なくてはならないもの	1.9%
45	教養	1.9%	楽しいもの	1.9%	毎日	1.9%	見る	2.0%	欠かせない	1.9%	ニュースソース	1.9%
46	欠かせないもの	1.9%	感動	1.9%	癒し	1.9%	見る	2.0%	見る	1.9%	ニュース番組	1.9%
47	時間つぶし	1.9%	機械	1.9%			好き	2.0%	子供	1.9%	リアルタイム	1.9%

＊次ページに続く

第4章　視聴者にとって「テレビ」とは何か

20代 (n = 103)			30代 (n = 103)			50代 (n = 102)			60代 (n = 104)			70代 (n = 104)	
No.	単語	割合		単語	割合		単語	割合		単語	割合		単語	割合
48	笑い	1.9%		居間	1.9%		時計	2.0%		時代劇	1.9%		映像	1.9%
49	笑う	1.9%		芸能人	1.9%		笑い	2.0%		時代遅れ	1.9%		気晴らし	1.9%
50	情報ツール	1.9%		子供番組	1.9%		笑う	2.0%		趣味	1.9%		経済	1.9%
51	情報元	1.9%		笑う	1.9%		情報を得る	2.0%		政治	1.9%		広告	1.9%
52	情報操作	1.9%		笑える	1.9%		生活必需品	2.0%		大画面	1.9%		手軽な娯楽	1.9%
53	深夜	1.9%		情報ツール	1.9%		大好き	2.0%		電気代	1.9%		情報を得る	1.9%
54	生活必需品	1.9%		情報を得る	1.9%		団らん	2.0%		勉強	1.9%		知識の宝庫	1.9%
55	天気予報	1.9%		身近	1.9%		知識を得る	2.0%		夢	1.9%		俳優	1.9%
56	電化製品	1.9%		息抜き	1.9%		天気予報	2.0%		目が疲れる	1.9%		必要	1.9%
57	薄い	1.9%		大好き	1.9%		賑やかさ	2.0%		友達	1.9%		毎日見る	1.9%
58	必需品	1.9%		日課	1.9%		日課	2.0%					癒し	1.9%
59	必要なもの	1.9%		非日常	1.9%		必要品	2.0%					料理	1.9%
60	文化	1.9%		必要なもの	1.9%		無くてはならない	2.0%					録画	1.9%
61	偏向報道	1.9%		勉強	1.9%		旅番組	2.0%						
62	便利	1.9%		毎日	1.9%		録画	2.0%						
63	目に悪い	1.9%		無料	1.9%		話題	2.0%						
64	癒し	1.9%												
65	話のネタ	1.9%												

　もともと「時刻」ないし「時間」と放送との関係は深い。佐田一彦は『放送と時間』の中で「大正14（1925年）3月22日，東京芝浦の仮送信所から電波を発射したラジオ放送は，『時報』によってはじめて日本の家庭に正確な『時刻』をもちこむことに成功した」と述べ，さらに視聴者の便宜を考慮した番組編成を通して放送が日常の「時間」の意味づけを行ってきたと指摘している[12]。佐田の論じるのはラジオ放送についてであるが，時刻や時間の「コントロール」はテレビも含めた放送全般の本質的要素のひとつといえよう。筆者も，少なくても1980年代のホームビデオ普及前後までは，テレビは正しい時刻を告げるリアルタイムメディアであるという意識を明確に持っていた。「○○が始まるから××時になるよ」などという会話を日常的に交わしたものである。もちろん現在でも「NHKニュース7」，「ニュース23」など放送開始時刻を銘打った番組タイトルが存在する。新しいものでは「Ｅテレ0655」や「Ｅテレ2355」[13]といった番組が放送時刻そのものをタイトルにしている。しかし，テレビと時刻・時間との関連性の認識は，20代30代の若年層視聴者の中では今や消えかかっており，テレビをリアルタイムメディアと感じる意識は薄らいでいるのではないだろうか。

　「音楽」についての想起も興味深い。音楽番組はかつてテレビ放送の定番人

気ジャンルであった。今でも「心に残る番組」のタイトルを尋ねると多くの人が，TBS「ザ・ベストテン」をはじめとする音楽番組をあげる[14]。本調査でも，70代4人，60代4人，50代3人，40代4人，30代3人と各世代とも一定程度の人数が「音楽」をあげている。しかし20代だけは「音楽」が全く想起されない。この世代では音楽はスマートフォンなどのモバイルデバイスで聴くことが常態化しており，「テレビからは音楽を連想しない」ようになってしまったということではないだろうか。かわりにこの世代は「芸能人」5人，「流行」4人といったワードをあげている。若年層にとってテレビは，音楽そのものよりも，タレントやファッション，モードといった音楽の周辺情報を伝えるメディアとみなされているのかもしれない。

　以上のように，各年代の中位以下の出現ワードを丹念に見ていくことで，興味深い違いを見出すことができた。

　またその一方で，必ずしも上位にはランクされていないもののすべての年代に共通して現れるワードもあった。「スポーツ」「映画」「コマーシャル」「家族団らん」「生活の一部」「必需品」「なくてはならないもの」「無いと困る」などのワードである。テレビが広範な世代にとってまだまだ欠かせないマスメディアとして認識されていることがうかがえる。

■ 4-2　テレビからの連想のスマートフォン使用程度による違い

　テレビからの想起ワード（第1階層）のスマートフォンの使用程度（4段階）による違いを見るため，使用程度の異なる4グループの比較を行ったところ，差はほとんど見られなかった。上位にはほぼ同じワードが並び，年齢層による違いを比較したときのように使用程度が高いほど頻度は増える（あるいは減る）という傾向を持つワードはなかったのである。

　さらに20代回答者に絞って同様の比較を行ったが，結果は同じで特段の傾向は見られなかった。紙幅の都合でいずれも比較表は割愛する。

4-3　第2階層以降における想起ワードの分析

　以上のように今回の分析はすべて第1階層の想起ワードに限定して行った。第1階層のワードを基にしてさらにそこから連想されるワード、つまり第2階層以降のワードも含めた分析は行っていない。

　第2階層以降のワードも含めた分析をするためには、連想全体マップを使うことが必要である。参考までに【図表6】に、全体（n = 619）を対象とする第2階層までの全体マップを示しておいた。（マップが煩雑になるのを避けるため、第1階層のワードは第7位までにとどめた）

　「娯楽」からは「映画」「楽しい」、「暇つぶし」からは「ゲーム」「インターネット」、「情報源」からは「インターネット」「ニュース」「新聞」、「情報」からは「ニュース」「インターネット」といったワードに連想が生まれたことが読み取

図表6　連想全体マップ（全体対象 n = 619）

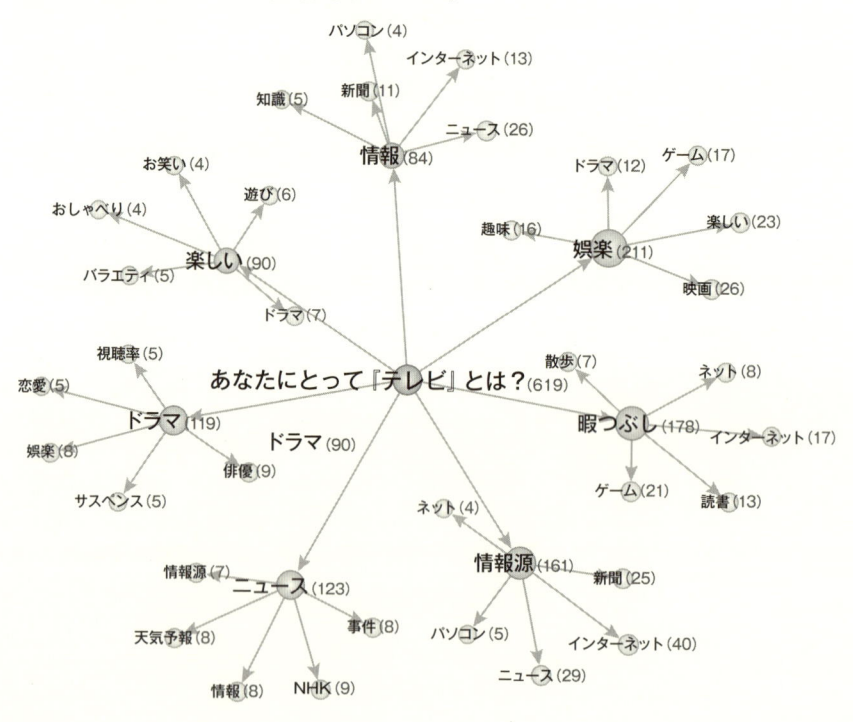

れる。第1階層で「ニュース」や「ドラマ」といった具体的番組ジャンルを連想した場合，そこから先は回答者によって細かく分散していく様子がうかがえる。通常のマーケティングリサーチにおいて具体的商品ブランド名を対象にした場合には，第2階層以降にも明確な傾向が読み取れることがあるという。

5　調査分析のまとめ

5-1　テレビへの態度

　今回の研究で採用したテレビへの態度変数の中でとくに注目したいのは「テレビの情報をどの程度信頼しているか」と「テレビは娯楽のためか情報のためか」という2つの質問項目である。これらの変数を全体集計すると，テレビの情報に対しては8割が信頼を寄せており，同時に自分にとってのテレビを回答者の4人に2人が娯楽を提供するもの，また4人に1人が情報を提供するものと考えていることが確認できた。

　この2つの質問項目は，年齢層及びスマートフォン使用程度によって統計的に有意な差があることも確認できた。

　年齢層との関係でみると，20代を中心とする若年層はテレビを娯楽提供メディアであると考える傾向がより強く，またテレビの情報への信頼がやや揺らぐ傾向が見え始めているということである。

　スマートフォン使用程度との関係で見ると，やはりスマートフォンをよく使う層ほどテレビの情報への信頼度が有意に落ちることがわかった。ただし，これはスマートフォン使用者が若年層ほど多いという年齢効果に起因するものであり，年齢層ごとにスマートフォン使用程度とテレビの情報への信頼度を見ていくとどの年齢層においても両者の間に関係はなかった。若年層のテレビ不信はスマートフォンの使用とは無関係なのである。

　逆に言うと，このような新しい世代の台頭は娯楽性と情報性のバランスを身上とする（総合編成）テレビにとっては軽視できないものであろう。

5-2 テレビから連想するもの

　テレビから連想するものについては，連想ネットワーク法を活用したが，結果は少々「期待外れ」なものになった。年齢層やスマートフォン使用程度による明確な違いというものは見られず，いずれの層の人々にとってもテレビといえば「娯楽」であり「暇つぶし」であり「情報源」である。まったく揺るがない結果であった。ただし，詳細にみていくと年齢層に関しては中位の出現ワードにおいて興味深い傾向もいくつか見出せた。

　今回調査対象になった人々は，幅広い年齢層にわたっており，テレビとの出会いやつき合いはかなり多様なはずである。街頭テレビからお茶の間のテレビ，お茶の間のテレビから個室のテレビ，白黒テレビからカラーテレビ，ロータリー式のチャンネルからリモコン，アナログからデジタル，さらに多チャンネル，双方向機能の追加など，テレビは大きく変貌を遂げてきている。

　しかしそれにもかかわらず，「テレビ」から連想するものは非常に一様でバラつきはきわめて少なかった。やはりテレビは娯楽であり楽しいものであることが大前提である。それから大事なのが「暇つぶし」。時間に余裕のない人が増えた今でもテレビからは「暇つぶし」が連想される。あくまで受け身のままで何か楽しいものを見せてもらえるのではないかという期待感を抱かせる存在なのであろう。そして「情報源」だが，この「情報源」とはネットのようにこちらから積極的に取りに行く情報の源ではおそらくないだろう。受け身のままいつのまにか必要な知識や情報を提供してくれる媒介者であろう。

　以上のように「あなたにとってテレビとは？」と今回広く問いかけた質問に対する人々の答えはほぼ一様で，図らずも当たり前ともいえるテレビのメディア特性と存在感を確認させられる結果となった。

（渡辺　久哲）

◆注◆
1)『放送研究と調査』2008年6月号，pp.2-21 参照。
2) 上田雅夫「被験者連想ネットワーク法による消費者イメージの把握」，行動計量学36巻2号 (2009) pp.81-88 参照。

3）池田謙一ほか (2010)『社会心理学』pp.22-23 参照。
4）上田，前掲論文 p.82 より。
5）旧経済企画庁『消費動向調査』より。以下同じ。
6）橋元良明ほか (2010)『ネオ・デジタルネイティブの誕生』pp.138-140 参照。
7）カイ2乗検定という手法を用いて確率統計的に検定した。危険率（差がない確率）は5％未満。
8）NHK 放送文化研究所 (2011)『日本人の生活時間・2010』p.49 参照。
9）あてはまるテレビ視聴態度として複数選択可の選択肢を提示する質問。ここでは「どちらかといえば今のテレビに満足しているほう」「どちらかといえば今のテレビに満足していないほう」のペアの選択肢の比較。男女20〜69歳の10代ごとの各年代に等しいウエイトをつけて集計したもの。元データのサンプル数は6738。回答者には調査主体名として実施した調査会社名を告げている。
10）橋元良明ほか (2011)『日本人の情報行動 2010』(pp.42-44) で，橋元らは 2010年6月の全国調査に基づき，6時〜24時の時間帯においてテレビのリアルタイム視聴行為者に占める携帯インターネット行為者の割合が10%前後安定的に存在することを指摘している。
11）ここでは各年代とも複数 (2人以上) の人があげたワードを対象にランクをみた。
12）佐田一彦 (1988)『放送と時間』pp.5-9 より。
13）いずれも NHK E テレで 2010年3月29日に放送開始した番組。6時55分と23時55分スタートの5分番組で，月〜金に放送。
14）渡辺久哲「心に深く刻み込まれた家族で観た生放送」，月刊民放 2013 年6月号，pp.32-35 参照。

◆引用・参考文献◆
池田謙一ほか (2010)『社会心理学』有斐閣
上田雅夫「被験者連想ネットワーク法による消費者イメージの把握」，行動計量学 36 巻 2 号 (2009)
上田雅夫「ブランド管理の目的に応じたブランド連想の収集」，行動計量学 40 巻 2 号 (2013)
NHK 放送文化研究所 (2011)『日本人の生活時間・2010』NHK 出版
佐田一彦 (1988)『放送と時間』文一総合出版
橋元良明・電通総研 (2010)『ネオ・デジタルネイティブの誕生』ダイヤモンド社
橋元良明ほか (2011)『日本人の情報行動 2010』東京大学出版会
渡辺久哲「心に深く刻み込まれた家族で観た生放送」，月刊民放 2013 年6月号

第5章
テレビとインターネットメディアの相乗効果
~震災復興を中心に~

1 はじめに

　2011年3月11日に発生した東日本大震災では，発生直後から，多くの映像がテレビを通じて全国に配信された。特に，津波が街や田畑をのみ込んでいくシーンや，福島第一原子力発電所原子炉の水素爆発のシーンは，国内のみならず，海外メディアにおいても，繰り返し放映された。被災地では，実際に甚大な被害を受け，人々はその事実を目の当たりにすることになったが，電力の供給が絶たれたため，映像などのメディアが提供する情報に接する機会は限られた。したがって，全体でどのような状況になっているのか把握することはきわめて困難であった。他方，被災地から離れたところでは，人々は，災害を直接経験することなく，映画のシーン以上に迫力ある「現実」を映し出す高精細な映像をリアルタイムで見たのであった。海外ではさらにセンセーショナルに報道され，津波の被害と原発事故の危険性が強調されて人々に伝わった。
　メディアが提供する情報は，生活や社会において，ますます重要性を増している。メディアが提供する情報の効果は，人々がそれらをいかに蓄積し活用するかという点にあり，言い換えれば，それらから人々がいかに影響を受けるかということと等しい。そして，その影響はソーシャルメディアをはじめとするインターネットメディアの出現によって大きく影響を受けている。メディアや

通信は，本来的に仮想的なあるいは擬似的な現実を形成するものであるが，地上波デジタル放送によりテレビ映像が高精細になることによって写実性を増すとともに，インターネットメディアがその機能を補完し，さらに社会を現実的に表すようになってきた。東日本大震災を例にとれば，複数の情報源が利用可能になることによって，より客観的な情報が提供され，被災地域においてはより的確な意思決定に役立つとともに，それ以外の地域においてもボランティアなどの扶助活動への参加や新たな災害への対策行動をとることへのモチベーションを与えた可能性がある。

テレビとインターネットメディアが相互に影響して視聴者へのインパクトを増すという仮説が，本章の出発点である。このような認識に基づいて設定された以下の3つの分析課題について，日本民間放送連盟・研究所が2011〜13年に実施した3件の社会調査をもとに，テレビとインターネットメディアの相乗効果について統計的な分析をおこなった。すなわち，

(1) テレビとインターネットメディアがいかに震災後の災害対策行動および協力利他行動をもたらしたか（岩手，宮城，福島の被災3県以外を対象）；

(2) テレビとインターネットメディアがいかに実社会における社会参加を促進するか（岩手，宮城，福島の被災3県を対象）；

(3) マルチスクリーン（テレビ視聴中にスマートフォンを利用）が社会事象に関する視聴者の知識の形成にいかに影響を与えるか。

それぞれの課題について，テレビとインターネットメディアによってもたらされる因果関係を構造方程式モデリングという手法にもとづいて記述し，分析をおこなった。

2　映像の影響力

2-1　映像の合理性

われわれが直接実体験するものはまさにリアル（the real）であり，圧倒的

な情報量が瞬時に提供される。同時に、情報に基づいてさまざまな判断や行動がとられる。情報は眼前に展開される状況のみから得られ、きわめて局所的であることが普通である。現実性の観点からは、実体験を超えるものはないと考えられ、メディアや情報通信においても、いかにリアルな情報提供に近づくかという点に、もっぱら関心が集まっている。HD（ハイビジョン）やそれを超えるフルHD（フルハイビジョン）、4K, 8K ウルトラHD（スーパーハイビジョン）という映像技術の進化は、まさに、よりリアルに近い情報を提供するために高精細化を目指すものといえる。

　他方、映像やメディアは、それがノンフィクションやドキュメンタリーであれ、厳密に言えば現実そのものではなく、視聴者はスクリーンを通じて提供されたリアリティ（reality）を享受している。その意味において、映像やメディアが提供するものは、疑似現実あるいは仮想現実と呼ばれるべきものといえる。バーチャルリアリティ（virtual reality）は仮想現実と訳されるが、現実を仮想的な表現に置き換えて提示するものである。virtualとは本来、「実質的な」あるいは「事実上の」といった意味であり、実体・事実ではないが、ものごとの本質を表すものといえる。映像はより高精細になることによってリアリティを増す。そこにコミュニケーションが加われば、人々は共感を覚え、かかる状況の中で何をすべきかを考えるようになる。さらに1対1のコミュニケーションばかりでなく、インターネットメディアによって複数の参加者が相互に交流する場が提供されれば、コミュニケーションの本質である情報や感情を共有する場が映像に関連して形成される。

　われわれは、完全なフィクション・創作から現実の経験・体験までのさまざまなレベルの情報に接しており、それらから影響を受けながら、意思決定を行い、記憶を蓄積している（【図表1】）。

　人間は、現実に経験しないことでも、empathy（「感情移入」あるいは「自己移入」）やcompassion（「共感」あるいは「同情」）によって現実と同等あるいはそれ以上の感覚を得ることができると言われている[1]。映像を見ることによって、現実に体験していないことでも、あたかも体験したかのような錯覚

図表1　現実性のレベル

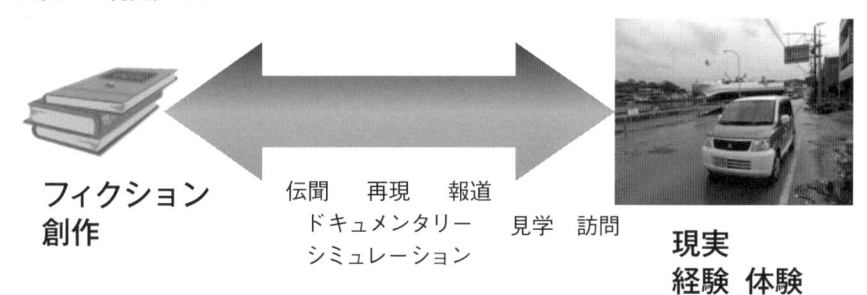

| フィクション
創作 | 伝聞　再現　報道
ドキュメンタリー　見学　訪問
シミュレーション | 現実
経験　体験 |

に陥る。現実の体験には，困難，労力，危険，時間の消費などが伴うのに対し，映像から得られる世界にはそのような不都合な要素はきわめて少ない。現実には存在するさまざまな攪乱因子が捨象されることによって，ものごとの本質をより的確に表現することが可能となる。現実にはさまざまな不合理なあるいは非合理的な要素が入り込んでいるのに対し，映像の世界はきわめて合理的な内容で構成されるのである。

　ニュース映像であれ，ドキュメンタリーであれ，映像は制作者のロジックに沿って構成されており，現実そのものではない。そのような映像がときには視聴者を現実以上に動かすこともありえるのである。われわれは，合理性から多くの恩恵を受けている。合理性が保たれると，①本質についてより理解が深まる，②複雑な要因が捨象され構造がより単純である，③自分が求めているものが容易に手に入る，などのメリットを享受することができる。ここで，合理性は必ずしも普遍の真理にもとづくのではなく，さまざまな状況において，より簡単に合目的にエッセンスを抽出して表現ができるという点に注意しなければならない。

2-2　ピタゴラス効果

　民放連・研究所報告書（2012）では，映像があたかも現実そのものであるかのような錯覚を与える現象を，世の中の数はすべて有理数 rational number であると信じた紀元前の数学者，哲学者として有名なピタゴラスになぞらえて，

「ピタゴラス効果（Pythagorean Effect）」と呼んだ。有理数とは，分母・分子ともに整数である分数で表される数であり，無理数（irrational number）とは，分母・分子ともに整数である分数で表せない数をさす。世の中に存在するきわめて多くの実数は無理数であることがわかっている。

映像のピタゴラス効果には，以下のような現象が含まれる。
(1) 非合理的な要素を多分に含む現実の世界が，合理的な映像の世界によって実現されると信じられること
(2) 映像によって与えられる合理的な世界に満足すること
(3) 映像の世界を経験することによって，リアルの世界を経験しなくてもすむこと

ピタゴラス効果は，正と負の側面の両方がある。正の効果として，
(1) 冗長性の少ない情報を提供できる
(2) ものごとのエッセンスを的確に再現して伝達できる
(3) 得られた情報に基づき，より効率的，効果的な対策をとることができる
(4) 現実に経験することによる心理的なショックを受けることがない
(5) 現実に経験するよりもむしろ強く次の行動が動機づけられる

などが挙げられる。他方，負の効果としては，
(1) 冗長と判断された情報は削除される
(2) 映像を見て状況がすべてわかったような気になってしまう
(3) 映像の世界で得られた現実感を現実に置き換えてしまう
(4) 映像の世界の判断で，現実を語る傾向が表れる
(5) 現実を見ずして現実への対策を取ろうとする

などを指摘することができる。

現実は，視覚，聴覚，嗅覚などすべての感覚によって認知され，脳によって解釈されるが，実際にはきわめて多くの非合理性，非整合性を含んでいる。他方，メディア情報によって形成されるリアリティでは，より合理的，論理整合的な「現実」をかたち作ることができる。

3 震災後の災害対策行動および協力利他行動への影響

3-1 人々の意識に与える影響

　東日本大震災を対象に，現実の体験に加えてメディアによって得た被災情報（特に映像などのリアルなもの）が，人々にどのような影響を与えたかを分析する。そのため，甚大な被害を受けた地域を除いたうえで，以下のような状況を仮定した。

⑴　自分自身や親戚知人友人が現実に災害に遭い，そうした人々から実体験に基づく情報を得る
⑵　現実の災害に加えて，テレビ，ラジオ，新聞などのマスメディアを通じて災害情報を獲得する
⑶　現実の災害および災害情報から影響を受けて，震災後の自身の行動を決定する
⑷　上記のようなリアルおよびバーチャルな災害情報に加えて，自身が属するコミュニティ（リアルコミュニティ）やバーチャルコミュニティから影響を受ける

　大震災後の人々の行動である安否の確認やメディアの視聴などの「情報収集行動」，避難や買いだめなどの「災害対策行動」，ボランティアや募金などの「協力利他行動」の3つの行動に対して，現実の被災，マスメディアを通じた認知，リアルコミュニティ，およびバーチャルコミュニティからの影響のそれぞれが影響を与えると仮定する。構造方程式モデリングで潜在変数間の関係を表すと，次ページ【図表2】のようになる。

図表2　モデルの構造

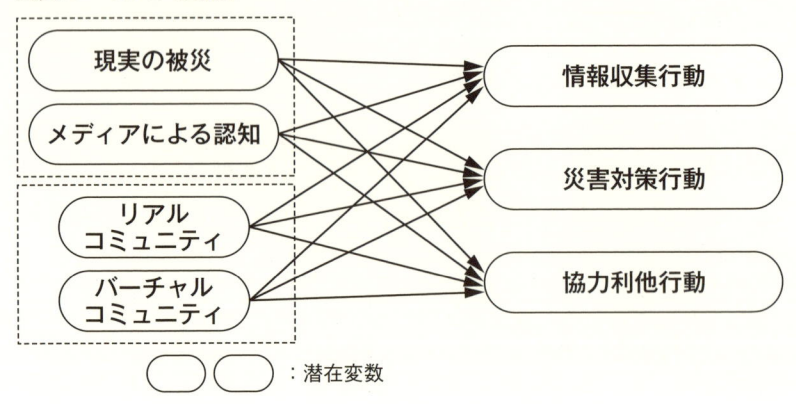

[図：潜在変数間の関係図。左側に「現実の被災」「メディアによる認知」（点線枠内）、「リアルコミュニティ」「バーチャルコミュニティ」（点線枠内）。右側に「情報収集行動」「災害対策行動」「協力利他行動」。左側の各要素から右側の各要素へ矢印が引かれている。○：潜在変数]

モデルにおいて仮定される潜在変数間の因果関係
―震災情報の入手方法として「現実の被災」と「メディアによる（を通じた）認知」を対比的に設定
―コミュニケーションの場として，「リアルコミュニティ」と「バーチャルコミュニティ」を対比的に設定
―震災後の行動として，3種類を設定

▎3-2　分析結果

　アンケート手法に基づく社会調査を通じてデータを収集し，統計的手法を用いて分析した。アンケート調査概要は【図表3】のとおりである。
　モデルを適用し，収集したデータ全体に対して行った分析の結果は【図表4】のパス・ダイアグラムに示すとおりである。矢印の方向は因果を示し，矢印に付された数値はその程度を表す。+1から-1までの値をとり，プラスは正の相関を，マイナスは負の相関を意味する。そこから得られた結果を要約すると，以下のようになる。

・現実の被災によって，災害対策行動やボランティアなどの協力利他行動が誘発される。
・一方で，メディアを通じた認知によっても同様の協力利他行動が誘発されている。

図表3　アンケート調査で収集されたサンプルの属性

アンケート主体：日本民間放送連盟・研究所
実証分析機関：早稲田大学デジタル・ソサエティ研究所
調査機関：株式会社マクロミル
調査手法：ウェブアンケート調査
調査期間：2012年02月10日（金）〜
　　　　　2012年02月12日（日）
地域：被災3県（宮城,岩手,福島）を除く全国
回答者数：2066人（有効サンプル数）

地域	回答数	%
北海道	118	5.7
東北地方	45	2.2
関東地方	865	41.9
中部地方	328	15.9
近畿地方	409	19.8
中国地方	97	4.7
四国地方	47	2.3
九州地方	157	7.6
全体	2066	100.0

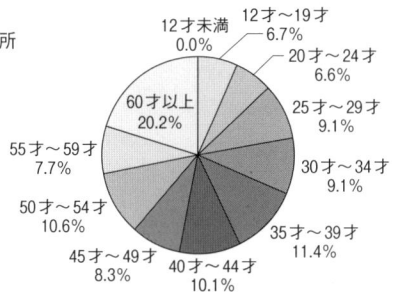

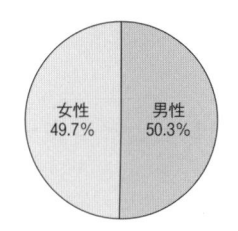

年齢分布：
12才未満 0.0%、12才〜19才 6.7%、20才〜24才 6.6%、25才〜29才 9.1%、30才〜34才 9.1%、35才〜39才 11.4%、40才〜44才 10.1%、45才〜49才 8.3%、50才〜54才 10.6%、55才〜59才 7.7%、60才以上 20.2%

男女比：女性 49.7%、男性 50.3%

図表4　分析結果

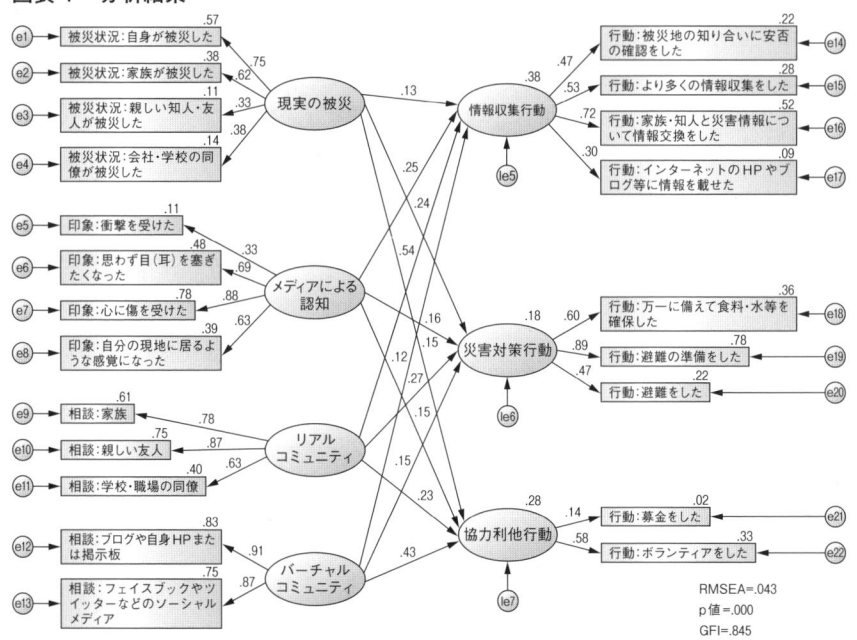

RMSEA=.043
p値=.000
GFI=.845

第5章　テレビとインターネットメディアの相乗効果

・リアルコミュニティでの議論は情報収集行動に強い影響を与える。
・一方で，フェイスブック等のバーチャルコミュニティでの議論が協力利他行動に大きく影響を与えている。

　特に，バーチャルコミュニティが協力利他行動に強い影響を持っていることにより，本震災に際して，インターネットによって提供される新しいメディアの正の側面が大きく示されたといえる。

　メディア別，あるいは年齢層別にこうした影響の相違がみられるかどうかについても検証を加えたが，期待したほどの差異は見出されなかった。

4　テレビとインターネットメディアは社会参加を促進したか

4-1　ソーシャル・キャピタルとメディア

　東日本大震災後の復旧・復興活動では，マスメディアによって人々の震災に対する関心が引き出されると同時に，インターネットメディアがその関心を表現するための有効な手段を提供した。その結果として，オンラインによる市民参加の水準が上がり，さらにオフラインのソーシャル・キャピタル（社会資本＝無形の人間関係資本）の形成および市民参加に影響を与えることが期待される。マスメディアおよびインターネットメディアの利用が，オンラインによる市民参加を通じて，ソーシャル・キャピタルの形成と，ボランティアなどのオフラインの市民参加を促進するかどうかを分析する。統計的な分析を通じて，オフラインの市民参加に正の効果を与えることが示されれば，伝統的なメディアであるテレビと，新しいコミュニケーション手段であるソーシャルメディアを相乗的に活用することの重要性を示すことができる。

　東日本大震災後，マスメディアとインターネットメディアの役割はかつてないほどの注目を浴びた。人々のコミュニケーションが携帯電話にあまりにも強く依存していることがあらためて明らかになるとともに，情報取得の手段としてテレビの重要性が再認識された[2]。

災害からの復興に関するこれまでの研究において、ソーシャル・キャピタルは効果的な回復のための重要な要因であることが示されており、高度なソーシャル・キャピタルを伴う共同体はより早く回復するとされる[3]。アメリカの政治学者ロバート・パットナム[4]は、ソーシャル・キャピタルに関して最も一般的な定義を、「調整行動を促進することで社会効率を促進する信頼、規範、ネットワークなどの社会的組織の特徴」とした。パットナムは、社会資本を3つの主要な構成要素（信頼、社会規範、社会ネットワーク）と2つの主類型、すなわち、「絆の形成」（bonding—閉じられた内向きの類型)、および「橋渡し」（bridging—開いた外向きの類型）に分類した。

ソーシャル・キャピタルの中核は、人々のネットワークとコミュニケーションである。情報通信の基本的機能はコミュニケーションを促進することであり、ソーシャル・キャピタルと相互に関係すると考えるのが自然である。これらの関係を明らかにするために、多くの研究が行われてきた。特に、近年の研究では、インターネット利用者は、ボランティアグループや市民活動において、非利用者より活発となる傾向をもつことが示された。

また、オンライン上の市民活動は、オフラインの市民参加を促し、市民参加が信頼や社会ネットワークといったソーシャル・キャピタルを高めることも示唆されている。

4-2　ソーシャル・キャピタル形成への効果

震災復興にソーシャル・キャピタルの存在が重要な役割を果たすという前提のもと、ここでは以下のような枠組みを仮定する。まず、テレビとソーシャルメディアを代表とするインターネットメディアはオンラインの市民参加に影響を与える。オンラインの市民参加はテレビとインターネットメディアとによって促進され、それがさらにソーシャル・キャピタル（絆、橋渡し）を形成する。同時に、実際の市民参加を促進する（【図表5】）。モデルは次の5つの仮説によって構成されている。

仮説1：テレビ番組は、オンライン上の市民参加を促進する。

仮説2：インターネットメディアの利用は，オンライン上の市民参加を促進する。
仮説3：オンライン上の市民参加は，現実の市民参加を促進する。
仮説4：オンライン上の市民参加は，ソーシャル・キャピタルでいう絆を形成する。
仮説5：オンライン上の市民参加は，ソーシャル・キャピタルでいう橋渡しを形成する。

図表5　分析の枠組み

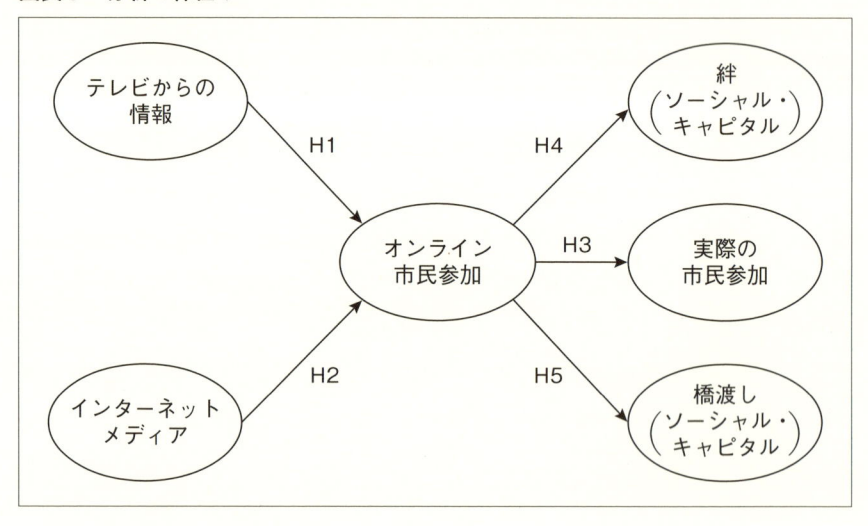

```
テレビからの情報 ──H1──┐
                      ↓         ┌──H4──→ 絆（ソーシャル・キャピタル）
                  オンライン市民参加 ──H3──→ 実際の市民参加
                      ↑         └──H5──→ 橋渡し（ソーシャル・キャピタル）
インターネットメディア ──H2──┘
```

　分析に用いたデータは，東日本大震災よって大きな被害を被った岩手県，福島県，宮城県の3県を対象として，2013年3月に実施したインターネット調査によって収集した（詳細は【図表6】参照）。

4-3　分析結果

　分析の結果は，【図表7】のパス・ダイアグラムのとおりである。テレビとインターネットメディア双方が，オンライン上の市民参加を促進する。そして両者が現実の市民参加と2種類のソーシャル・キャピタルに正の影響を与えることが示された。

図表6　調査対象の基本属性

	性別	回答者数	%
1	男性	1036	50.2
2	女性	1028	49.8

	年齢	回答者数	%
1	12才未満	0	0.0
2	12才〜19才	85	4.1
3	20才〜24才	96	4.7
4	25才〜29才	185	9.0
5	30才〜34才	279	13.5
6	35才〜39才	182	8.8
7	40才〜44才	223	10.8
8	45才〜49才	170	8.2
9	50才〜54才	375	18.2
10	55才〜59才	220	10.7
11	60才以上	249	12.0

	個人年収	回答者数	%
0	不明	234	11.4
1	200万未満	920	44.6
2	200〜400万未満	480	23.3
3	400〜600万未満	243	11.8
4	600〜800万未満	117	5.7
5	800〜1000万未満	49	2.4
6	1000〜1200万未満	13	0.6
7	1200〜1500万未満	4	0.2
8	1500〜2000万未満	2	0.1
9	2000万円以上	2	0.1

	震災から直接の被害を受けたか	回答者数	%
1	いいえ	754	36.5
2	はい	1310	63.5
	全体	2064	100.0

図表7　分析結果

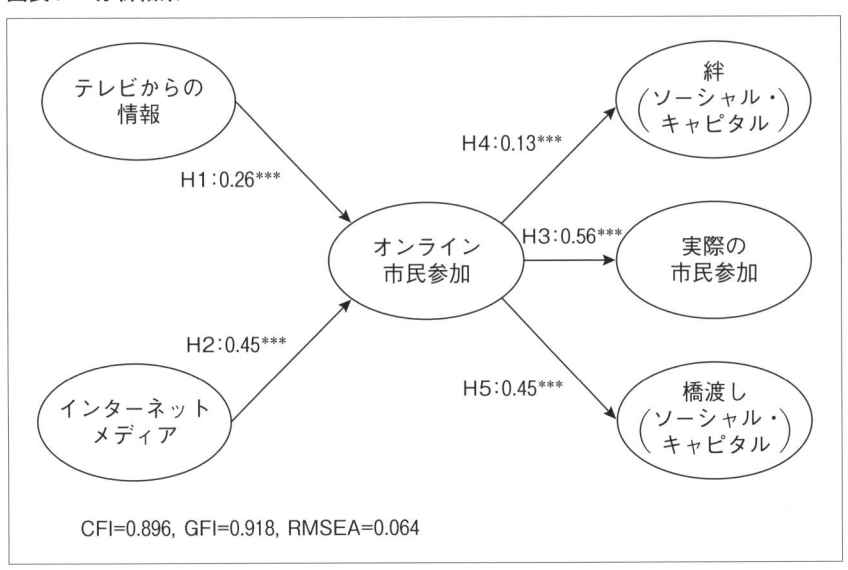

```
テレビからの情報 ──H1:0.26***──┐
                              ├──→ オンライン市民参加 ──H4:0.13***──→ 絆（ソーシャル・キャピタル）
インターネットメディア ──H2:0.45***──┘                  ──H3:0.56***──→ 実際の市民参加
                                                  ──H5:0.45***──→ 橋渡し（ソーシャル・キャピタル）
```

CFI=0.896, GFI=0.918, RMSEA=0.064

たとえば時事討論番組のようなテレビ番組がオンライン上の市民活動を促進することが興味深い。この点について，先行研究[5]においては，時事討論番組が市民の興味と関与を刺激することが示されている。インターネットメディアなどICT技術の発展を通して市民参加のための有用な場が提供され，テレビなどのマスメディアとインターネットメディアが統合してオンライン上の市民参加および実際の市民参加を強力に動機づけることが，本分析で示された。

一方で，絆に関しては，オンライン上の市民参加との相関は低い。コミュニティ内部の信頼が伝統的に高い地域ではこのようなことが起こりうることが先行研究によって示されており，これに該当する可能性がある[6]。図表には示されていないが，インターネットメディアと絆との間の相関は見出されなかった。両者の関係はオンラインの市民参加を通じてはじめて成立する。このことから，オンラインの市民参加が媒介効果を有することがわかった。

5　マルチスクリーン視聴は視聴者の知識の形成に役立つか

5-1　マルチスクリーン化の影響

近年，テレビを見ながらスマートフォンやタブレットを使用するなど，2つ以上の画面を同時に利用する行為が顕著となっている。これは，マルチスクリーンと呼ばれ，放送と通信の融合における1つのトレンドとなっている。Googleの調査（2012）によれば，テレビを視聴しているとき，メールやインターネット閲覧，SNSなどを同時に使用している時間は全体の視聴時間の77％にのぼることが示されている。ネットエイジアリサーチ（2013）によれば，日本においても同様に，テレビを見ながらソーシャルメディアを利用する人の割合は，いずれのソーシャルメディアにおいても50％を超えるという。言い換えれば，テレビ視聴者は，テレビから情報を得ると同時にオンラインでさまざまな情報を確認し，また他の視聴者とも情報交流することが可能になったのである。テレビの情報は一方向的にかつ同時に多くの視聴者に向けて提供される。すなわ

ち，垂直的な情報提供といえる。他方，ソーシャルメディアは特定のあるいは不特定のグループの中で利用されるので，水平的な情報提供といえる。また，ときには，テレビ番組へのフィードバックの手段として利用されることもある。

マルチスクリーン化は，したがって，縦横の情報交換を可能にすると考えられる。それによって，情報の確証が得られ，結果的にメディア全体に対する信頼感の向上に通じると考えることができる。他方，テレビでの発言がブログの炎上をもたらすなど，視聴者相互の信頼感を損なうような現象も生じている。

そのため，マルチスクリーン現象が視聴者の興味や理解にいかなる影響を与えるかを知ることは，この現象の効果を理解する上できわめて有益であろう。そこで，本節では，わが国のテレビ視聴を例に，ニュース等で取り上げられる社会事案に関する理解に対してマルチスクリーン化がどのような影響を与えるかを，統計学的方法によって明らかにする。

マルチスクリーンには2つのパターンがある。すなわち，2つ以上のスクリーンを同時に見る場合と，同一のコンテンツをスクリーンを変えながら時系列的に視聴する場合である。前者は情報の多様性をもたらすとともに，いわゆる「ながら視聴」を助長する場合もある。後者は，移動を伴う場合でも，継続的な視聴を実現するために，複数のデバイスを使用するものである。ここでは，前者のケースのみを対象とする。

5-2 マルチスクリーン化が社会事案の理解に与える影響

先に取り上げた2つの課題と同様，構造方程式モデリングによって，マルチスクリーンが知識の形成に及ぼす影響の有無，およびその程度を解明する。モデルは以下の仮説から構成される：

仮説1：ニュースや時事問題に関するテレビ番組を視聴することは，社会事案に関する視聴者の知識水準を上昇させる。

仮説2：ニュースや時事問題に関する番組を視聴することは，マルチスクリーン視聴を増加させる。

仮説3：ソーシャルメディアの利用は，マルチスクリーン視聴を増加させる。

仮説4：マルチスクリーン視聴は、社会事案に関する視聴者の知識水準を上昇させる。

テレビ視聴は知識の獲得に直接的に影響する一方で、ソーシャルメディアの利用は間接的な効果に限られる。また、テレビ視聴はマルチスクリーンを通じて間接的にも知識水準に影響を与える。

以上の仮説に基づき、モデルの構造を図式化すると【図表8】のようになる。社会事案に関する知識はテレビの視聴から直接得られるとともに、マルチスクリーンからも得られる。マルチスクリーンからの効果は、テレビの視聴からの間接的効果とソーシャルメディアの利用の双方からもたらされると仮定されている。さらに、年齢、性別、学歴、居住地域、インターネット・ニュースの利用、マスメディアおよびソーシャルメディアに対する信頼度、および他の情報源の利用といった項目は結果に影響を与えるので、これらをコントロール変数としてモデルに導入している。

図表8　モデルの構造

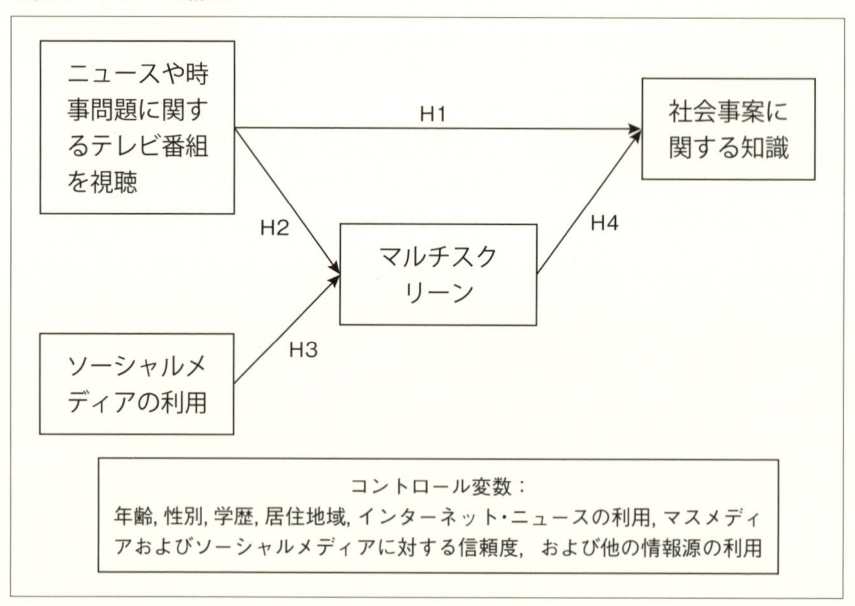

```
┌─────────────────────────────────────────────────────────┐
│  ┌──────────┐                                            │
│  │ニュースや時│                                            │
│  │事問題に関す│         H1          ┌──────────┐         │
│  │るテレビ番組│─────────────────────▶│社会事案に │         │
│  │を視聴     │                      │関する知識 │         │
│  └──────────┘\                      └──────────┘         │
│              \  H2      ┌──────────┐    ↗               │
│               ↘         │マルチスク│  H4                │
│                         │リーン    │                    │
│                         └──────────┘                    │
│               ↗  H3                                      │
│  ┌──────────┐/                                           │
│  │ソーシャルメ│                                           │
│  │ディアの利用│                                           │
│  └──────────┘                                            │
│                                                          │
│    ┌──────────────────────────────────────────────┐      │
│    │ コントロール変数：                            │      │
│    │ 年齢,性別,学歴,居住地域,インターネット・ニュースの利用,マスメディ│      │
│    │ アおよびソーシャルメディアに対する信頼度, および他の情報源の利用│      │
│    └──────────────────────────────────────────────┘      │
└─────────────────────────────────────────────────────────┘
```

データは，これまでの分析との整合性を考え，半数を福島，宮城，岩手の3県を中心とした東北地方から，残りは主に東京を中心とする1都3県から収集された。データの属性は【図表9】に示すとおりである。

　また，社会事案には，【図表10】に挙げた10件を対象とした。いずれも2013年において読者が選んだ10大ニュース[7]のもととなった日本のニュースランキングに基づき，社会性の高い事案を選択したものである。

図表9　データの属性

	東北地方	1都3県	合計
サンプル数	997 (50.5%)	976 (49.5%)	1973 (100%)
平均年齢	39.3	40.8	40.0
性　　別			
男性	42.5%	41.9%	42.2%
女性	57.5%	58.1%	57.8%
（最終）学歴			
中学	3.7%	1.3%	2.5%
高校	35%	20.3%	27.7%
短大	27.5%	27.6%	27.5%
大学	32.2%	45.5%	38.8%
大学院	1.6%	5.3%	3.4%
メディア・ICT機器			
テレビを所有	91.9%	89.2%	90.6%
ポータブル機器を所有 （ノートPC，スマートフォン，タブレット）	88.1%	92%	90%
メディア利用			
テレビを定期的に視聴	92.9%	92.1%	92.5%
ニュースを定期的に視聴	91.2%	89.0%	90.0%
インターネットを定期的に利用	94%	94.5%	94.3%
インターネットでニュースを定期的に読む	71.2%	74.3%	72.8%
ソーシャルメディア（Facebook,Twitter,LINEほか）を定期的に利用	55.8%	53.2%	54.5%
マルチスクリーン（以下の作業をテレビを見ながら頻繁に行う）			
メール	47.9%	45.9%	46.9%
ホームページ利用	69.6%	66.9%	68.3%
ソーシャルネットワーク利用	35.6%	33.3%	34%

図表 10　分析で対象とした 2013 年社会事案

対象とした社会事案
（ア）2020 年夏季五輪・パラリンピックの開催地が東京に決定
（イ）特定秘密保護法成立，「知る権利」論議に
（ウ）消費税 2014 年 4 月に 8 ％へ引き上げ決定
（エ）参院選で自民，公明両党が過半数獲得，ねじれ解消
（オ）安倍首相，TPP 交渉参加を表明
（カ）福島第一原発のタンクで，300 トンの汚染水漏れが判明
（キ）猪瀬都知事に「徳洲会」側から 5000 万円
（ク）富士山が世界文化遺産に決定
（ケ）アルジェリア人質事件，日本人 10 人死亡
（コ）中国が尖閣諸島を含む防空識別圏を設定

出典：読売新聞（2013）

5-3　分析結果

　構造方程式モデリングによる分析の結果，マルチスクリーン化が社会事案の理解に与える影響を検証するために設定した 4 つの仮説のうち，仮説 4「マルチスクリーン⇒知識」については若干信頼性が落ちるものの，それぞれ有意に正の影響を持つことが示された（【図表 11】参照）。

図表 11　仮説の検証結果

仮説	因果関係	パス係数	P 値
1	テレビ視聴⇒知識	0.385	0.001
2	テレビ視聴⇒マルチスクリーン	0.098	0.001
3	ソーシャルメディア利用⇒マルチスクリーン	0.532	0.001
4	マルチスクリーン⇒知識	0.041	0.066

　テレビ視聴の直接的効果である「テレビ視聴⇒知識」のパス係数は 0.385 であり，これは相対的に大きな値であるといえる。これに比べ，テレビ視聴がマルチスクリーンに与える影響は 0.098 と小さい。他方，パス「ソーシャルメディア利用⇒マルチスクリーン」によって表されるソーシャルメディアがマルチスクリーンに与える影響は 0.532 であり，これは全パス係数中，最大となっている。しかし，マルチスクリーンが知識に及ぼす影響はきわめて小さく（0.041），マルチスクリーンによって視聴者の知識が高まるという効果はきわめて限定的

であることが示唆される。そのため，「テレビ視聴⇒マルチスクリーン⇒知識」，「ソーシャルメディア利用⇒マルチスクリーン⇒知識」という間接的効果もきわめて小さいものとなっている。

　このことから，人々がテレビを見ながら他の端末を操作することが，放送の内容をさらに理解することに役立っているとただちに結論づけることは難しい。その効果はかなり限定的と言える。マルチスクリーン化により，マスメディアおよびソーシャルメディアの利用がコンテンツの理解に正の相乗効果をもたらすことが期待されたが，本調査分析からは，マスメディアによる直接および間接の効果に比べ，ソーシャルメディアの効果は小さかった。ソーシャルメディアの利用目的は簡単な情報の交換や共有であることが多く，共感や批判といった感情的なコミュニケーションを形成しやすい。そのため，放送された内容を深く理解するようなケースは多くはないのであろう。また，いわゆる「ながらスマホ」のような場合は，テレビ番組の内容とは全く無関係なコミュニケーションを行っていることもあるであろう。10大ニュースのようなインパクトの大きいコンテンツについては，視聴者の意識はニュースに向かうであろうが，より一般的な内容については，マルチスクリーン化によってマスメディアに対する意識は散漫になってしまうという，負の効果が生じることもありえる。

6　おわりに

　本章では，東日本大震災後に日本民間放送連盟・研究所が実施した3件の社会調査をもとに，テレビとソーシャルメディアを代表とするインターネットメディアの相乗効果について解明を試みた。テレビとソーシャルメディアが震災後の情報収集行動，災害対策行動および協力利他行動にもたらした効果の検証では，被災地以外の地域において，メディア情報が実体験に匹敵するほど震災後のボランティアや復旧活動に人々を駆り立てたことが示された。テレビとインターネットメディアが実社会における社会参加を促進する効果の検証では，

被災地において，二つのメディアが統合して，ネット上の市民参加および実際の市民参加を強力に動機づけることが示された。最後に，マルチスクリーン化が社会事象に関する視聴者の知識の形成に与える影響の分析では，テレビおよびソーシャルメディアの同時利用が社会事象の理解に正の相乗効果をもたらすことが期待されたが，マスメディアによる直接および間接の効果の大きさに比べ，ソーシャルメディアの効果はかなり小さいことが示された。

当然ながら，結果は分析に用いたモデルの構造やオンラインの調査によって得られたサンプルの偏りによって大きく影響を受ける。その意味において，本分析結果の解釈を一般化することには注意を要する。本章では紹介することができなかったが，詳細な分析をそれぞれのケースで実施しており，ここで紹介した内容はそれらに基づいている。その意味において，結果は一定の信頼性を有しているといえる。

放送はソーシャルメディアの出現によってさまざまな影響を受けている。ソーシャルメディアを放送に取り入れ，双方向のコミュニケーションを実現することも可能であり，特に情報番組においてトレンドともなっている。この場合，放送がソーシャルメディアを有効に活用しているといえる。他方，放送中の発言等をきっかけにブログの炎上が起きるなど，ソーシャルメディアにおける視聴者間のコミュニケーションにおいて，いわば負の連鎖のきっかけをつくってしまうこともある。同時に多数の視聴者に映像によって情報を提供するという放送の特長を活かし，情報がパーソナライズされるソーシャルメディアを適切に活用することにより，最も信頼される情報源としてテレビの役割を強化する方法を真剣に探るべきであろう。

（三友　仁志）

＊追記

本研究は，大塚時雄（秀明大学准教授），ジョン・W・チェン（早稲田大学）およびジョン・ヨンギュン・ステファン（早稲田大学）との共同研究成果の一部である。

◆注◆
1）たとえば，医学の世界においては，医学生が実際に患者を診るよりも，患者に関する映像を見る方がより強く感情を動かされることが指摘されており，ドンキホーテ効果（The Don Quixote Effect）と呼ばれている（Shapiro et al., 2004）。
2）総務省 2011, 2012
3）Aldrich 2012; Nakagawa et al. 2004
4）Putnam 1993, p.167
5）Norris 1996
6）内閣府 NPO 2002; 日本総合研究所 2007
7）読売新聞 2013

◆引用・参考文献◆
総務省（2011）『情報通信白書平成 23 年度版』
総務省（2012）『情報通信白書平成 24 年度版』
内閣府 NPO（2002）「ソーシャル・キャピタル：豊かな人間関係と市民活動の好循環を求めて」，(https://www.npo-homepage.go.jp/data/report9_1.html) accessed on 31 Mar 2013.
日本総合研究所（2007）「日本のソーシャルキャピタルと政策」(http://www.osipp.osaka-u.ac.jp/npocenter/scarchive/sc/file/report01.pdf) accessed on 31 Mar 2013.
日本民間放送連盟・研究所（2012）『2011 年度「民放連研究所客員研究員会」報告書』，pp.29-38。
日本民間放送連盟・研究所（2013）『2012 年度「民放連研究所客員研究員会」報告書』，pp.11-24。
ネットエイジアリサーチ（2013）「テレビとソーシャルメディアの関係性〜テレビ CM が届く，響く，拡がる，ソーシャルテレビ人〜」，2013 年 4 月 25 日 (http://www.mobile-research.jp/investigation/research_date_130425.html)
読売新聞（2013）「2013 年読者が選んだ日本 10 大ニュース」2013 年 12 月 21 日 (http://www.yomiuri.co.jp/feature/top10news/20131221-OYT8T00312.html)
Daniel Aldrich (2012) "Building resilience: social capital in post-disaster recovery", University of Chicago Press.
Google (2012) "The New Multi-screen World: Understanding Cross-platform Consumer Behavior." (http://www.google.com/think/research-studies/the-new-multi-screen-world-study.html), accessed on 3 Apr 2013.
Y. Nakagawa & R. Shaw (2004) "Social Capital: A Missing Link to Disaster Recovery", *International Journal of Mass Emergencies and Disasters*, March

2004, Vol.22, No.1, pp.5-34.
Pippa Norris (1996) "Does Television Erode Social Capital? A Reply to Putnam" *PS: Political Science and Politics*, Vol.29, No.3 (Sep., 1996), pp.474-480.
Robert D. Putnam (2000) "Bowling alone: the collapse and revival of American community", Simon & Schuster.
J. Shapiro & L. Rucker (2004) "The Don Quixote Effect: Why Going to the Movies Can Help Develop Empathy and Altruism in Medical Students and Residents", *Families, Systems, & Health*, Vol 22 (4), pp.445-452. (http://psycnet.apa.org/journals/fsh/22/4/445/)

第6章
メディア情報と利用者行動

1 はじめに

　本稿では，メディアが発信する情報が利用者行動に与える影響について検討を行う。なかでもテレビ番組やニュースにおいてとりあげられた情報が株式市場に与える影響について着目し，実際のデータを用いた推計結果を示すこととする。

　「メディア」という単語の意味を辞書で引くと，「媒体。手段。特に，マス・コミュニケーションの媒体。」のように説明されている[1]。この情報を伝達する「手段」も，少数の送り手から不特定多数の受け手への情報伝達手段としてテレビ，新聞，雑誌，ラジオ等の4大マスメディア，映画等と，送り手と受け手の1対1のやりとりを基本としつつ，その関係が網の目状に拡大することによって密な情報伝達の手段として機能するインターネットに代表されるメディアに，さらに区分することができる。いずれも情報を効率的に伝達する手段であるため，新しいメディアが登場し普及することによって，経済学で仮定される「完全情報」の状態に現実を近づける効果を持つと考えられる。

　さらに「媒体」という言葉は「人と情報を結ぶもの」とも解釈できるから，ある事実を伝えるために必要な言葉や映像，表現技法等も「メディア」という用語で表現できる。その意味で，メディアが伝える内容によっても人々の行動

が大きく影響を受けていることになる。

　このようなメディアが受け手に与える影響は，どのようにして測定することができるだろうか。1つの手法は，情報の受け手が実際の行動に移すまでの過程を細かく分けてモデル化し，主として受け手に対するアンケート調査に基づいて反応を因子分析等によって分析するもので，マーケティングなどの消費者行動分析で多く用いられている[2]。この手法は有効であるものの，サンプル数が限定される，消費者行動モデルの仮定に依存する割合が大きい，等のデメリットもある。他方，経済学では，市場で観察される結果としての消費者行動にのみ基づいて影響を測定するという，いわゆる「顕示選好理論」をベースに影響を分析することが多い。この方法では相関関係しか分析できないとの批判を受けることもあるが，一方，大規模データを利用して外形的に判断可能な客観的分析ができる，多くの類似研究が蓄積されることでその精度が増すことが期待される，等のメリットもある。本稿では後者の立場から，メディア情報と利用者行動に関する先行研究の紹介と実際のデータ分析を行うこととする。

　なお近年隆盛のビッグデータを活用することで，消費者が情報を受け取ってから行動を起こすまでの過程を連続的に追跡することが可能となれば，将来的にはより詳細なメディア情報と利用者行動との関係を捉えることができるかもしれない。しかし現時点でその手法が適用可能なインターネットのシェアは，急激な拡大傾向を示しているとはいえ必ずしも高くない。【図表1】は日本における広告費の推移を示しており，顧客への情報伝達手段としてどのメディアが有効だと広告主が考えているかを示す1つの指標であるが，インターネットのシェアが約15％弱である一方テレビのシェアは約30％程度で安定しており，依然として2倍以上の開きがあることが読み取れる。また実際の販売戦略においても，O2O（Online to Offline）と呼ばれるネット上から実店舗へ顧客を誘導する戦略も有効だと考えられているが，この場合には顧客行動を追跡するために追加的なデータ収集が必要となる[3]。また多くの場合，そのようなデータは企業によって秘匿されており，一般に利用可能ではないという難点がある。さらに4大マスメディア以外に分類される折込広告，交通広告，ダイレクト・

図表1　4大マスメディア等の広告費割合の推移

	2002年	2003年	2004年	2005年	2006年	2007年	2008年	2009年	2010年	2011年	2012年
新聞	18.7%	18.6%	18.1%	15.1%	14.3%	12.9%	11.9%	10.4%	10.4%	10.2%	10.1%
雑誌	7.0%	6.9%	6.9%	6.6%	6.2%	5.9%	5.8%	5.0%	4.8%	4.1%	4.0%
ラジオ	3.1%	3.0%	2.9%	2.7%	2.4%	2.1%	2.0%	1.8%	1.7%	1.5%	1.5%
テレビ	33.9%	34.3%	34.9%	29.9%	29.1%	28.5%	28.5%	28.9%	29.6%	30.2%	30.1%
衛星メディア関連	1.5%	2.1%	3.1%	5.5%	7.0%	8.6%	10.4%	11.9%	13.3%	14.1%	14.7%
インターネット											
4大マスメディア他（右目盛り）	65.3%	65.8%	66.6%	61.1%	60.6%	60.3%	60.7%	60.9%	62.1%	63.0%	63.6%

【出典】電通『日本の広告費』各年版を基に作成

メールなどの「プロモーションメディア」も4割弱のシェアで安定的に推移しており，近年でも広告媒体として重要な地位を占めていることにも注目したい。このような状況下では，われわれのとるアプローチは依然として有力な手法であると考えることができる。

　本稿の構成は以下のとおりである。第2節では，メディアの存在や提供する情報が利用者行動に与える影響について，経済学の視点から行われた研究をタイプ別に検討する。それらを踏まえ，第3節では，メディア報道と株式市場との関係について実際のデータを用いた分析を行う。まずわれわれが用いるデータとメディア報道の実態を確認し，株式市場の価格変化や売買との関係についての推計結果を報告する。最後に，まとめと今後の展望を行う。

2　メディア情報が利用者行動に与える影響

本節では，メディアが情報を受けとる側の行動に与える影響に関する実証研

究について概観する。前節で述べた，メディアの情報伝達の効率化という観点からは価格や株式市場に与える影響の研究が，人々の行動への影響という観点からは政治活動に与える影響の研究が，高い関心を持たれてきたようである。以下では，(1)新メディアが登場した際の影響，(2)伝統的メディアの報道と株式市場との関係，(3)特にテレビ報道と株式市場や政治活動との関係，の3つに分けて見ていこう。

2-1 新メディアの登場と利用者行動

　長期的に見た場合，人々の生活を支えるメディアは，新技術の登場や各国の実情に応じて変化してきた。その際の利用者行動の変化は外形的に観測しやすく，興味深いテーマでもあることから，多くの研究が蓄積されてきている。

　Besley & Burgess（2002）は，有権者の要求に対して敏感に反応することが予想される政治家の規律付けにメディアがどの程度役立つかを，政治経済学の観点から分析している。実証に利用したのは1958～92年の間のインド16州に関するパネルデータだが，インド各州はかなり独立性が高く，分析対象期間において最も広く世論形成に役立っていたと考えられるメディア（新聞）の発行部数が州によって大きく異なっていたという事実が，重要な点である。この場合，情報伝達を効率的に行うことのできる新聞へのアクセスの容易さが異なることで人々の行動パターンに相違が観察されるか，という点が彼らの問題意識であった。具体的には，情報伝達を効率的に行うことのできる新聞へのアクセスが容易な地域では，報道によって有権者に対して政治成果が効率的に伝わるため，政治家が自らの成果を出すことにより敏感になるという仮説を立てた。そして実証分析の結果，公的な食物分配と災害救済基金への支出は，投票率が高い地域に対して多いだけでなく，新聞発行部数が多い地域に対してもより多かった，との結果を得ている。

　またStrömberg（2004）は，1930年代の米国におけるニューディール政策をとりあげ，当時新たに登場したラジオというメディアが人々の行動に与えた影響について調査している。彼の仮説は，マスメディアが適切な情報を有権者

に伝える役割を果たすため，より多くの得票を望む政治家は，メディアへのアクセスが容易な地区に対してより有利な政策を実施する，というものである。論文では，全米2,500の郡のデータを利用して，連邦緊急救済局からの基金配分先と人々の投票行動，およびメディアの影響を測定している。その結果，ラジオ保有世帯比率が高い地域ほど救済基金の配分がより多くなっており，ラジオ保有世帯比率が1％増加すると一人当たりの救済基金が0.61％増大すること，その中でラジオ保有の直接の効果は0.54％で，残りの0.068％は，ラジオが人々の投票率を0.12％上昇させる効果と，投票率の上昇によって救済基金が増加する効果0.57％の積で表される間接的な効果を含んでいること，ラジオ保有世帯比率のシェアが最下位の郡から中位の郡になると1人当たりの救済基金が60％増加すること，さらに，ラジオが農村部への情報伝達を高めたことにより救済基金の獲得能力を都市部より50％も高めたこと，等を報告している。当時は新メディアの普及段階であり，ラジオ保有世帯は所得・資産が多い比較的裕福な層だと考えられるため，本来そのような世帯が多い郡への基金配分額は少なくなるはずであるが，現実は逆になっていたことが興味深い。彼は，1950年代のテレビの登場も，アフリカ系アメリカ人や低識字率の人々へ政治参加を促すことにより同様の恩恵をもたらしたはずで，インターネットの普及によっても同様の効果がもたらされた可能性を指摘している。

　Gentzkow (2006) は，Strömberg (2004) の指摘の一部を受ける形で，1940〜70年頃のテレビの普及時期の相違と選挙の投票率との関係について検討している。その結果，テレビの普及は投票率にむしろ負の影響を与えており下落幅の1/4〜1/2ほどが説明可能であること，テレビ普及が新聞・ラジオの利用低下をもたらすと同時に選挙調査から読み取れる政治的知識の低下をもたらしていること，このような投票率の低下は，新聞において熱心に報道される一方テレビにおいてはほとんど報道されない議会選挙において顕著に表れること，等を指摘している[4]。

　さらにインターネットが登場した初期の90年代には，情報伝達スピードが向上して市場がより完全情報の状態に近づくとの仮説が，価格水準や価格弾力

性，価格のバラつきなど種々の角度から盛んに検証された。たとえば Bailey (1998) や Brynjolfsson & Smith (2000) は，書籍や CD 等についてインターネット上で取引される価格と従来の市場価格を比較し，インターネット上の価格が従来市場に比べて必ずしも価格のバラつきが少ない訳ではないことを指摘している。特に Brynjolfsson & Smith (2000) は，両者の価格の相違が平均で書籍 33%，CD 25% にものぼり，小売業者によっては 50% もの相違がみられるなど，品質が一定で差別化されていない財であっても価格差が縮小していないことを報告している。また Clemons et al. (2002) は，オンライン旅行業者が販売する航空券の市場動向を調べている。航空券は，同地点間を結ぶフライトであっても予約方法や予約時期，接続便の待ち時間等で差別化されている財であり，そのような差異の影響を除去した上で価格比較をしなければならないが，調整後も 20% 価格が異なる事例があることを報告している。その後も類似の研究が行われ，このような差異をもたらす要因について論争が行われてきた。

その後時間が経過し商品価格についてのマイクロ・データが大量に利用可能になると，このようなデータを用いた研究が報告されるようになってきた。例えば水野・渡辺 (2008)，Mizuno & Watanabe (2010) は価格比較サイト「価格.com」のデータを利用して，価格が割高でも「ひいき」の店で商品を購入する傾向が観察されること，価格競争が激しいオンラインの家電市場における商品の値動きは資産価格の動きと同様確率的に無作為に決定されること，時には値崩れなど一方向への価格変動が起きること，等を報告している。これはむしろ一物一価に近づくとする予想とは反する結果であり，注目に値すると言えるだろう。このような問題は実証的に解決する以外にはなく，今後もデータ収集と分析を地道に行っていく必要がある課題であると言える。

2-2 メディア報道と株式市場

メディアは単なる手段ではなく，伝達する内容も同様に重要であることは言うに及ばない。特にマスメディアは，不特定多数の人々に正確かつ公正に情報

を伝える責務があり，新聞や放送では業界団体が自主的に倫理規定を設けるなど高いモラルに支えられている。このような報道と人々の行動との関係は，経済学分野からは主として株式市場に対する影響に注目して研究が進められてきているため，本項ではそのような研究を中心に検討することとする。

初期の研究に Huberman & Regev (2001) がある。彼らは特定の癌治療薬をとりあげ，製薬企業の新薬開発と株価反応との関係を検討した。この事例で特徴的なことは，研究段階において治療に有効な新物質の可能性が示された際にはそれほど市場の反応がなかったにもかかわらず，後日新聞で大きく報道された際に株価に大きな反応が見られた点である。より具体的には，1997 年 11 月に研究成果が自然科学系の権威ある学術誌 Nature に掲載され，その概要が一部の大衆紙でも報道されたが，株価に目立った反応は見られなかった。ところがその約 5 か月後の 1998 年 5 月，日刊紙 The New York Times で報道された際には，金曜日に元々 \$12 程度だった株価が月曜日には一気に \$85 まで跳ね上がり，終値でも約 \$52 を維持，さらにその後 3 週間は \$30 以上の状態が続くこととなった。この時点の報道では何も新しい情報が追加されていないことから，彼らは，メディアによる報道がファンダメンタルズ以外の要因として株式市場に大きな影響を与えていることを，指摘している。

同様に Tetlock et al. (2008) は，1984〜2004 年の The Wall Street Journal と Dow Jones News Service に掲載された S&P500 企業に関する記事の単語を一定の規則に従って分類・数量化し，株価との関係を見ることでメディアの影響を測定した。企業の株価は本来，売上高や利益といった業績や資産・負債などの財務状況等のファンダメンタルズによって決定されるはずであるが，メディアが流す情報によっても株価が予測できることを彼らは示している。具体的には，収集した個別株に関するニュースの中に否定的語句が含まれていると企業の低収益が予想できること，特にファンダメンタルズに関する否定的語句が予測に有益であること，などの結果を得ている。すなわち，メディアは「数量化するのが困難な」情報を伝達しており，株式市場の価格形成に貢献しているとの結論を得ている。

Fang & Peress（2009）もマスコミ報道[5]と株価の期待収益率との関係を分析し，報道が純粋な意味での「ニュース」を提供しない場合でも株価形成に影響を与える可能性を検討している。その結果，マスコミ報道がない株式は報道がある場合に比べてより高いリターンを獲得できること，それは小型株や個人所有比率が高い場合，またアナリストがあまり関心を持っていない場合，特異なボラティリティを示している場合に顕著であること，を報告しており，メディアによる情報拡大が株式市場の情報効率性に影響を与えることを指摘している。

　Engelberg & Parsons（2011）では，実際に起きた出来事とメディア報道の影響とを区分して株価に与える影響を把握しようと試みている。具体的には，インターネットが普及する前の1991～96年のデータに基づき，S&P500企業に関する収益情報の公開と，異なる地方紙が流通していることから異なる報道が行われる全米19地域における投資家行動を比較検討した。種々の要因を制御して計量分析した結果，メディア報道は当該地域における取引量（特に購入行動）と強い相関を持つこと，さらに地域における株式の取引量は地域における報道時期と強い相関を示していること[6]，等を発見し，効率的市場仮説では説明困難な現象をメディア報道で説明している。

　日本においてもメディア報道と株式市場の関係が報告されている。Aman（2011）は，株価変動と情報との関係に注目した。ある企業の株価変動は，市場全体の変動と企業固有の変動より構成されるが，このうち企業固有の株価変動の程度が高まることは，市場において価値の高い情報が流通していることを反映しており望ましいと考えられる。ここで情報の「価値」とは情報の「質」と「量」の積で表されるため，両者が高まると企業固有の株価変動も高まると予想される。そこで情報の質の代理変数として企業経営者による事前の業績予想と本来の業績との乖離を，量の代理変数として新聞報道における企業の登場回数を利用して実証分析した結果，情報の質・量が高まるほど企業固有の株価変動の程度も高まるとの結果を得ている。本節でのわれわれの論旨から見ると，この結果から，新聞メディアの報道が市場の効率性を支える大きな役目を担っていることを読み取ることができる。

2-3 テレビ報道と利用者行動

本項では特に，テレビで放送される内容と利用者行動との関係に焦点を当てた先行研究のサーベイを行う。その理由はテレビが現時点において最も主要なマスメディアだと考えられるためである。その根拠をまず見ておこう。

総務省では，旧郵政省時代から30年以上にわたって「情報流通センサス」という指標を計量し公表していた。ここで情報流通とは，「人間によって消費されることを目的として，メディアを用いて行われる情報の伝送や情報を記録した媒体の輸送」と定義されるもので，電話やインターネット，テレビ等の情報通信系メディアに加え，郵便物や新聞・雑誌，CDを含むパッケージソフトなどの輸送系メディアも対象としている。2011年には新たに「情報流通インデックス」と称し，対象20メディアをビット換算した情報量を推計し新たな指標として提示している。

【図表2】は，情報受信点まで情報を届ける「情報流通」量と，情報受信者が受信した情報の内容を意識レベルで認知している「情報消費」量に関する各メディアの割合を，円グラフで示したものである。定義から「流通」よりも「消費」が，より利用者の実態を反映している統計だと考えられるが，映像を送出し続けており利用者ニーズに従っていつでも利用可能なテレビ「放送」が70%超を占めており，依然として圧倒的な情報伝達量を誇るメディアだということがわかる[7]。

このようなテレビの社会的影響力の大きさに着目し，政治的な興味に基づき人々の投票行動に与える影響に関する研究が行われてきている。

Groseclose & Milyo（2005）は，主要な報道各社が提供するニュースに限定して，メディア・バイアスの測定を試みている[8]。具体的には，特定の社が種々のシンクタンクや政策集団を引用する回数をカウントし，議会が同じグループを引用している回数と比較するという手法をとっている。その結果，*The Washington Times* や Fox News の「Special Report」を除いたほとんどの社が，議会の平均的メンバーよりも左寄りの強いリベラル・バイアスを示すこと，CBSの「Evening News」や *The New York Times* は，中央よりもかなり左

図表2　情報流通インデックスの計量結果

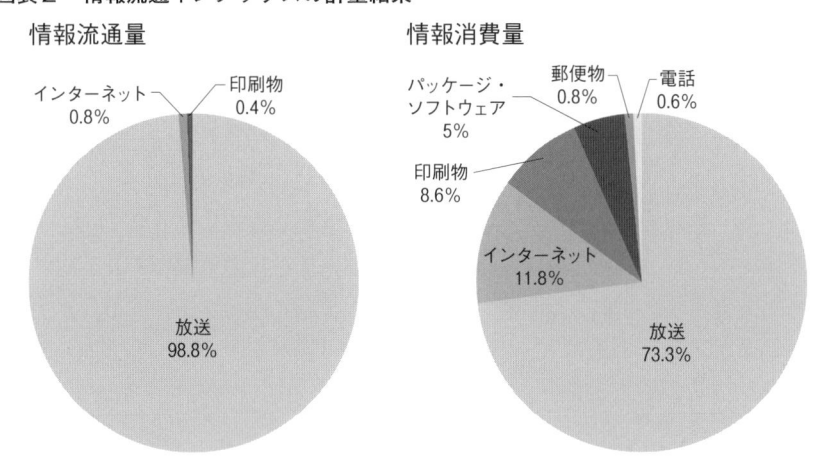

情報流通量
- インターネット 0.8%
- 印刷物 0.4%
- 放送 98.8%

情報消費量
- パッケージ・ソフトウェア 5%
- 郵便物 0.8%
- 電話 0.6%
- 印刷物 8.6%
- インターネット 11.8%
- 放送 73.3%

【出典】総務省（2011）より作成（2009年度データ）

寄りのスコアを示すこと，最も中道のメディアはPBSの「NewsHour」，CNNの「NewsNight」，ABCの「Good Morning America」であること，印刷メディアでは *USA Today* が最も中道であること，等が報告されている。

　DellaVigna & Kaplan（2007）は，上記のように保守系放送局と言われるFox Newsが地域ケーブル市場に参入してきた時期（1996～2000年頃）に焦点を当て，同局を視聴可能な地域か否かと保守系の共和党の得票シェアとの関係を分析している。その結果，Fox Newsの視聴が可能な地域ではこの時期の大統領選において共和党の得票シェアが0.4～0.7ポイント上昇したこと，上院議員選挙の投票率や共和党の得票シェアにも影響を与えていることを指摘し，合理的な投票者による一時的な学習効果の可能性と非合理的な投票者への説得による恒常的な効果の可能性を検討している。

　Di Tella & Ignacio（2011）では，1998～2007年におけるアルゼンチンの主要新聞4紙一面に掲載された政府汚職報道と政府広告との関係を調べ，両者に負の相関関係が見られることを指摘している。この現象は，政府広告により収入を得た各新聞社において汚職追求の姿勢に抑制効果が働いていると捉えるこ

とも可能なため，政府権力の濫用を監視すべき新聞社の在り方に対して警鐘を鳴らしている。

　Enikolopov et al.（2011）は，ロシアにおける1999年の議会選挙結果を，DellaVigna & Kaplan（2007）と同様に当該地区の選挙民が利用可能な放送局との関係で分析している。当時ロシアにはORT，RTR，NTVという3つの全国ネット放送局があったが，このうちNTVは独立の商業放送局で，オーナーのグシンスキー（Vladimir Gusinskii）氏はプーチン氏の政敵であり，NTVは当時の政権を公に批判していた。また当時は，人口の約75％程度のみがNTVを視聴可能な状況であった。このような状況を踏まえた上で，彼らは，NTVの視聴が政府与党の得票を約8.9％低下させた一方，反与党の主要政党への投票を約6.3％上昇させたこと，投票率を約3.8％低下させたこと，等を報告している。

　以上のように，テレビと投票行動との関係を分析した研究が多く見られる一方で，株式市場への影響を分析した研究はまだそれほど多く存在しない。しかしこれまでの流れから推察するに，分析対象としてはきわめて重要な分野であると言うことができる。

　市場への影響を分析した数少ない研究の1つに，Busse & Green（2002）がある。彼らの研究は，ある特定の番組を放送した前後で，情報が流れた企業の株価にどのような変化が見られるかを検討するものである。事例としてとりあげているのは，米国ケーブルテレビにおける代表的な金融情報提供チャンネルCNBC[9]で，1999年第4半期には「平日最も視聴される局」としてCNNを超える支持を獲得したこともある。このチャンネルの「Morning Call（11:05-11:10）」と「Midday Call（2:53-2:58）」という2番組の中で，各2分間「アナリストの視点」が放映されているが，株式投資に有利（Positive）または不利（Negative）のニュースの種類によって，その後の株価がどのように変化するかを調査した。その結果，「Midday Call」で有利な情報が放送されてから1分以内に当該株式の急激な上昇が見られる一方，「Morning Call」の有利な情報ではほぼ変化しなかったこと，不利な情報の場合の株価下落の程度は比較的

緩やかなこと，放映してからの1分間で取引量が2倍になること，放映後15秒以内に取引した場合小さいが有意な利益を得ることができること，等を報告している。

またTakeda & Yamazaki（2006）では，日本のNHKが放送していた「プロジェクトX」[10]をとりあげ，番組内容を放映日の前後3日間／7日間の株価変動率[11]との関係を調べている。すなわち，テレビ放映の前後でとりあげられた企業の株価に大きな変動が生じ，かつ当該企業の株価を左右するような目新しいニュースが他に存在しない場合，それをテレビ放映が企業イメージに与えた影響として捉えようとする試みである。必要な条件を満たす放映全69回分に関して統計的検定を行った結果，放映後に市場平均よりも有意に高い収益率が観測されたこと，中でも製品開発やマーケティングに関する内容の番組に登場した企業の収益率が高いこと，さらに高視聴率回ほど正の効果があるとは必ずしも言えず番組内容や企業属性の影響が少なくないこと，等を報告している。

Kim & Meschke（2011）では，企業のファンダメンタルズに関する情報そのものではなく，CNBCでの経営者インタビューと株式市場との関係を調べている。その結果，放送時点で株価が正の方向に反応し超過利潤が観測される一方，その効果は一時的であり，すぐに反転する現象が観察されることを報告している。これは，一時的ではあるがテレビ報道の強い影響を示していると考えられる。

さらにAman et al.（2012）では，日本の株式市場に焦点を当て，一定の期間内（2010年）にテレビ番組で企業名が報道された回数と株式市場の流動性との関係について調べ，新聞やディスクロージャーサイト（東証TDnet）での報道回数を制御した上で，流動性の尺度のうち買値と売値の差（スプレッド）や，現在の市場価格に影響を与えずに執行することができる取引サイズ（デプス）との関係について検討している。その結果，テレビ報道の増加はスプレッドの増加をもたらしており，TVを通じた新たな情報流入が投資家間の情報非対称性（不確実性）を増幅させる効果があるとする仮説と整合的である。他方でデプスは，TV情報流入に際して増加傾向があり，投資家による企業情報へ

の認知度が増加すると主張する仮説と，整合的な結果となっている。

　以上，メディアが利用者行動に与える影響について経済学的視点から行われた実証的研究を中心にサーベイしてきた。メディアの政治的重要性を勘案してか，メディア報道と投票行動に関する実証分析が，最近になって種々の角度から盛んに実施されている[12]。その結果，メディアの報道が投票率を向上させる効果や，政治家が得票を求めて有権者の求めに応じた行動をとるようになる効果も指摘されており，改めてメディアが民主主義を支える役割を担っており，新聞や放送において規定されている高い倫理規定の必要性が確認されるところである。

　繰り返しになるが，ここでの分析枠組みは主として「顕示選好理論」に基づいた相関関係を調べることが主目的ではあるものの，考えうるその他変数を制御した上での分析を幾つも補完的に行っていること，また類似した内容の研究が多数蓄積されてきていること，等を考えれば，信頼性は高いと考えられる。特に研究があまり存在しないテレビ放送と株式市場との関係分析については，今後特に精力的に検討していくことが必要だと考えられる。

3　実証分析

以上の先行研究を踏まえ，本節では，メディア情報が利用者行動に与える影響として日本のテレビ報道と株式市場をとりあげ，実際のデータを用いた推計を行う。われわれの仮説はシンプルで，「テレビのニュースや番組で報道された企業ほど，その株式はよく反応し，株価変動や売買高が大きくなる傾向が見られる」，というものである。

3-1　利用データ

　ここでは，われわれの仮説を実証するために利用したデータと記述統計量を説明する。

まず情報変数の1つとして，テレビ報道変数を用意する。これは，日経225採用銘柄について，その企業名（金融関連の企業を除く）が報道された回数をカウントし，報道がなされれば1，ない場合は0をとる変数である。データソースは，エム・データ社によるテレビ番組データベースである。テレビ放送は，新聞・雑誌・インターネットと異なり，過去に放送された内容についての記録を得ることは通常きわめて困難である。そのため，新聞媒体対象の研究と異なり，先行研究は大変限られている。こうした中で，エム・データ社提供のデータセットは，広範囲のテレビ番組が詳細にテキスト化されており，テレビ報道研究にあたって非常に有用である。【図表3】はエム・データ社が有料で提供

図表3　番組の放送内容に関する情報例

E morning	テレビ東京	2010/8/5	〈日経CNBCマーケット情報〉市況	東京市場，新興市場，米国市場，為替相場の市況を解説。ソニー，キヤノン，リコー，京セラ，TDK，トヨタ自動車（2010年4-6月期の営業損益は黒字となった。2011年3月期の販売台数は738万台を計画（従来は729万台）），いすゞ自動車，（以下，略）
おはよう日本	NHK	2010/2/10	パナソニック・世界初3D対応プラズマテレビ「VIERA・VT2シリーズ」発売へ	パナソニックが映像が立体的に見える3Dテレビを家庭向けに2機種発売する。4月から発売予定。価格は50型で約43万円。ソニーも年内に3Dテレビの販売を予定。サムスン電子など海外メーカーも相次いで発売を計画している。ディスプレイサーチによると，（以下，略）
ワールドビジネスサテライト	テレビ東京	2010/11/29	企業設備投資・海外シフト加速	富士ゼロックスは，中国の大企業向け市場に加え中小企業向け市場に参入すると発表。新商品は中国工場で製造。富士ゼロックスの生産設備の8割は中国。東芝は，シンガポールでASEAN向け液晶テレビを発表。最大2時間もつバッテリーを搭載している。（以下，略）
報道ステーション	テレビ朝日	2010/4/8	消費動向に変化と期待・百貨店に客足戻る理由	ユニクロを展開するファーストリテイリングが2月中間決算を発表。売上高は4709億円，営業利益は998億円で共に過去最高。ヒートテックや低価格ジーンズが好調。しかしユニクロの3月国内既存店販売は2009年同月比では売上高が16.4%減少。（以下，略）

【出典】㈱エム・データ社提供によるテレビ放送データより一部抜粋

している東京キー局で放送されたビジネス関連カテゴリーに属するテレビ番組情報の一部であるが，各番組名や放送時間だけでなく，コーナーごとのヘッドラインに関する情報や露出時間をテキストで網羅した包括的なデータベースとなっている。今回の分析では，ここから入手したニュースや番組で報道された企業名情報（2010年1月～12月）を利用することとした[13]。【図表4】は企業名に言及した番組名を言及回数が多いものから順に並べたものであるが，日本経済新聞社と関係が深くビジネス情報を得意とするテレビ東京の番組が上位を占めていることがわかる。同時に帯番組として放送される通常のニュースでも，企業名に言及する回数が多いことが読み取れる。結果的に，202企業，245取引日，延べ49,490のサンプルが抽出された。

一方，被説明変数側の株式市場反応を示す指標としては，直感的にも理解しやすい株価に焦点を当て，日次の株価変化率の絶対値（配当含む）と，売買回転率を用いることとした。ここで売買回転率とは，流通市場の規模や活発さを表す重要な指標としての売買高を上場株式数で除すことにより，上場株式数の多寡による影響を補正したもので，（出来高÷発行済み株式総数×100）として算出される指標である。

また，株式市場に影響を与える情報は何もテレビだけで報道されるわけでは

図表4　利用データにおける番組ごとの頻度表

順位	番組名	頻度	割合(%)	順位	番組名	頻度	割合(%)
1	E morning	7,056	33.92	11	めざましテレビ	242	1.16
2	NEWSFINE	3,480	16.73	12	ビジネス・クリック	232	1.12
3	ワールドビジネスサテライト	1,368	6.58	13	ひるおび！	225	1.08
4	News モーニング・サテライト	1,212	5.83	14	Oha!4	202	0.97
5	おはよう日本	689	3.31	15	Nスタ	189	0.91
6	ニュース	497	2.39	16	newsevery.	178	0.86
7	Bizスポ	483	2.32	16	スーパーJチャンネル	178	0.86
8	ズームインSUPER	457	2.2	18	ニュースウォッチ9	153	0.74
9	やじうまプラス	299	1.44	19	ニュース7	150	0.72
10	みのもんたの朝ズバッ！	290	1.39	20	とくダネ！	146	0.70

注：サンプル企業（日経225対象企業から金融業種を除く）が，テレビ番組のコーナーで言及された回数。企業が複数回言及された場合でも独立してカウントしているため延べ数。

ないため，テレビ番組オリジナルの効果を測定するため，説明変数として以下のように情報変数を2つ，株価に影響を与える別の要因を表す変数を1つ追加して，被説明変数への影響をコントロールすることとした。まず情報変数の1つめとして，企業のディスクロージャー情報を提供するシステムで流布される企業開示情報変数（東証TDnetを利用）を用いた。これは企業が開示したディスクロージャーが1つでもあれば1を，なければ0をとる変数である。情報変数の2つめとして，新聞紙上（日経3紙を利用）で報道された回数も同時に考慮した。これは，もし企業が新聞紙上で1つでも記事で報道された場合に1，報道が無い場合には0をとる変数である。さらに別の変数として，企業規模が株価に与える可能性を考慮して，株式時価総額（対数値）も同時にコントロールした上で最終的な効果を測定することとした。

3-2 記述統計量と推計結果

以上の準備に基づいて，データの大まかな傾向を見ておこう。

まず【図表5】は，テレビ報道回数と株価の日次変化との関係を示している。テレビ報道がなされていない企業数が圧倒的に多いものの，1回以上報道された企業とその株価変化率（絶対値）の間には，テレビ報道回数が増えると株価変化も大きいという関係を見出すことができる。また【図表6】は，テレビ報道回数と売買回転率との関係を示したものである。テレビ報道回数が5～7回の辺りは売買回転率が若干少なくなる傾向が見られるものの，全体的な傾向としてはテレビ報道回数の増加に伴い売買回転率が上昇しているこ

図表5　日次の価格変化率（絶対値）の平均値

TV報道回数	平均値	標準偏差	サンプル数
0	1.026	0.962	40,635
1	1.059	1.017	4,618
2	1.102	1.122	2,078
3	1.081	1.228	792
4	1.166	1.201	458
5	1.028	1.146	271
6	0.988	0.889	157
7	1.060	0.909	123
8	1.162	1.175	76
9	1.272	1.392	65
10	1.421	1.503	40
>10	1.281	1.318	177
合計	1.037	0.986	49,490

（注）価格変化は配当を含む。

と，すなわち当該企業の株式流通の規模や活発さが増加していることが観察される。

以上の効果をより正確に測定するためには，幾つかの変数をコントロールした上でも統計的に有意な結果が得られるかを検討しなければならない。われわれの問題意識に沿って推計式を定式化すると，以下のように表される。ただし α, β, γ は係数，μ は誤差項を表している。

図表6　日次の売買回転率の平均値

TV報道回数	平均値	標準偏差	サンプル数
0	0.631	0.675	40,635
1	0.666	0.794	4,618
2	0.685	0.745	2,078
3	0.635	0.765	792
4	0.658	0.921	458
5	0.553	0.401	271
6	0.531	0.311	157
7	0.563	0.417	123
8	0.602	0.569	76
9	0.671	0.515	65
10	0.602	0.537	40
>10	0.590	0.517	177
合計	0.636	0.691	49,490

(注)　売買回転率＝出来高／発行済み株式総数×100

$$被説明変数 = \alpha + \beta * 情報変数 + \gamma * 企業規模変数 + \mu \quad (推計式)$$

【図表7】は，推計式を回帰分析した結果を示している。以下，順に結果を検討していこう。

まず(1), (2)式は，株価変化率の絶対値に影響を与える要因を，企業規模の影響をコントロールした上で測定したものである。株価時価総額（対数値）が有意に負となっており，時価総額が大きいほど株価が安定して推移しており価格変化率（絶対値）が小さくなる傾向があることがわかる。また(1)式を見ると，テレビ報道回数は価格変化率（絶対値）と有意な正の相関を示しており，テレビ報道が多いほど株価変化率も大きくなることが読み取れる。これは(2)式で他の情報変数をコントロールした場合でも変わらないが，最も大きい影響を与えているのは直接ディスクロージャー情報を詳細に提供している企業開示情報変数であり，テレビ報道はそれに続き新聞よりも影響が大きいことが読み取れる。

また(3), (4)式は，売買回転率に与える要因を，企業規模の影響をコントロールした上で測定したものである。株価時価総額（対数値）が有意に負となって

図表7　回帰分析結果

	価格変化率（絶対値）(1)		価格変化率（絶対値）(2)		売買回転率（％）(3)		売買回転率（％）(4)	
テレビ報道変数	0.1855	***	0.1399	***	0.1969	***	0.1785	***
	[8.77]		[7.00]		[5.93]		[5.92]	
企業情報開示変数			0.4905	***			0.1866	***
			[14.64]				[6.72]	
新聞報道変数			0.0873	***			0.0379	*
			[6.31]				[1.96]	
log（株式時価総額）	−0.1148	***	−0.1257	***	−0.1453	***	−0.1500	***
	[−7.91]		[−8.42]		[−4.72]		[−4.74]	
定数項	4.2044	***	4.4303	***	4.4785	***	4.5772	***
	[10.56]		[10.90]		[5.23]		[5.23]	
Adj.R2	0.0311		0.0505		0.0672		0.0731	
F値	40.74	***	45.15	***	35.64	***	33.97	***
サンプル数	49490		49490		49490		49490	

（注）＊は10％水準で，＊＊は5％水準で，＊＊＊は1％水準で有意であることをそれぞれ意味している。また括弧内の数値はt値を表し，クラスター頑健標準誤差をもとに算出している。

おり，時価総額が大きいほど市場の活性化指標である売買回転率も小さくなる傾向があることがわかる。また(3)式を見ると，(1)式と同様にテレビ報道回数は売買回転率に有意な正の相関を示しており，テレビ報道が多いほど取引規模や活発さが増大することが読み取れる。これは(4)式で他の情報変数をコントロールした場合でも同様で，(2)式と同様，企業開示情報変数に次いでテレビ報道が大きな影響を与えていることが読み取れる[14]。

以上の結果から，われわれが用意した仮説，すなわちテレビのニュースや番組で報道された企業ほど，その株式はよく反応し，株価変動や売買高が大きくなる傾向が見られる，という仮説は統計的に支持された。これは第2節で検討した多くの先行研究と整合的な結果であり，日本の株式市場においても，テレビ報道が情報伝達を促進する証左を得ることができたと言える。

4　おわりに

　本稿では，メディアが発信する情報が利用者行動に与える影響について検討を行い，特にテレビ番組やニュースにおいて採り上げられた情報が株式市場に与える影響について着目し，実証分析を行った。その結果，われわれの仮説は支持され，テレビのニュースや番組で報道された企業ほどその株式はよく反応することが示された。

　ここでは主要なメディアとしてテレビ報道のみに焦点を当てたが，近年ではさらに，ブログやソーシャルメディア等の新しいメディアにおいて発せられるコメントや内容を分析し，購買行動や売上高，選挙結果等を予測する際の基礎データとする研究が工学や商学の観点から行われてきている。中でもTwitterは，リアルタイムで動向を追うことができることからテレビと親和性が高いメディアだと考えられ，ツイートの投稿数やツイートしたユーザー数等からテレビとTwitterとの関係を捉える試みもすでに行われている[15]。このような新メディアは，従来型メディアであるテレビや新聞等で発信された情報を拡散・誘発することで直接メディアを利用していない人々に対して補完的に機能する側面があり，情報の受け手に一層複雑な影響を与える可能性がある。今後このような可能性を考慮した検討を実施していくことが必要であろう。

（春日 教測　阿萬 弘行　森保 洋）

＊謝辞
　　本稿は3名の共同研究（Aman et al. (2012)）の成果を一部利用している。また本研究の一部に対して，春日は科学研究費補助金（基盤研究(C)，課題番号20530237）から，阿萬は科学研究費補助金（若手研究(B)，課題番号23730318），石井記念証券研究振興財団からの援助を受けている。㈱エム・データ社からはテレビ放送データの学術利用に関してご協力をいただいた。記して感謝の意を表したい。

◆注◆
1）『広辞苑 第六版』による。
2）消費者行動に関する代表的な仮説の1つにAIDMAがある。これは消費者

がある商品を知ってから購入に至るまでのプロセスを，Attention, Interest, Desire, Memory, Action の5つに分けて説明したものであるが，これを細分化・統合化した種々のバリエーションもある．

3）たとえば実店舗に顧客が持ってきた割引や追加サービスのクーポン枚数を数えれば，来店した顧客がweb広告を見たことは把握できるが，どのくらいの顧客が見た上で来店しなかったか，来店した顧客は広告によって購買意欲を初めて刺激されたのか，それとも広告を見る以前から購入希望があり割引は売上高をむしろ減少させる方向に作用したのか，等に関するデータは別途収集する必要がある．

4）類似の指摘はGorge & Waldfogel（2008）にも見られる．彼らは全国的メディアである *The New York Times* の地域新聞市場への浸透が，ターゲットとしている高い教育を受けた読者層の地方議会選挙に対する参加をむしろ抑制する傾向があることを指摘しており，その原因を全国紙による地方議会報道の少なさに求めている．これはメディア報道が単独では情報伝達を促進する役割があるとしても，役割の異なるメディアの相互作用によって全体が必ずしも積極的な効果をもたらさない場合もありうるという，興味深い事例となっている．

5）*The New York Times, The USA Today, The Wall Street Journal, The Washington Post* という4つの影響力のある全国紙を対象にデータ収集しているが，これは発行部数計600万部，米国における全日刊紙の11％に相当する規模となっている．

6）一例として，水曜に *San Francisco Chronicle* で収益情報が公開されると湾岸地帯における水曜日の取引を増大させ，同じ出来事を木曜に *Atlanta Journal Constitution* が報じるとアトランタにおける木曜の取引が増大するような事象を挙げている．

7）ただし視聴が能動的か否か，「ながら視聴」か否か等，情報消費の「質」を問うていないため，解釈にはより慎重な検討が必要である．なお，「放送」にはラジオも含まれるが，資料の中の計算式からテレビの情報量が圧倒的に多いことがわかるため，ここでは放送＝テレビとして記述している．

8）調査対象は，3大ネットワーク（NBC, CBS, ABC）の朝夜のニュース番組やFox Newsの「Special Report」等のテレビ番組，*The New York Times, The Washington Post* 等の新聞，*Newsweek* や *TIME* 等の雑誌，「Drudge Report」等のウェブサイトなど全20区分となっており，編集後記や書評，投書欄等は除外されている．

9）米国4大ネットワークのひとつNBCの子会社．

10）NHK総合テレビのドキュメンタリー番組で，全放送作品は特別編4本を含む191本．2000年3月28日から2005年12月28日までの，火曜日21:15-21:58の時間帯で放送された．

11）より具体的には，株価をP，基準となる日をtとして，個別企業の株価収益率

は (Pt+1 − Pt) ／ Pt として表せる。これから市場全体の平均株価収益率を除いたものが，その企業固有の株価収益率となる。
12) 詳細は春日・宍倉・鳥居 (2014) 第5章を参照のこと。
13) 今回は予備的分析として，企業名の検索には，形態素解析ソフト MeCab の R パッケージ RMeCab を用いた。他の方法や別のソフトウェア等を用いたより精緻な企業名検索は，今後の課題としたい。
14) 異なる情報タイプの効果を量的に正確に比較することは難しいため，厳密にはより慎重な解釈が必要である。
15) ビデオリサーチ社プレスリリース ('13.12.10) 参照。

◆ 引用・参考文献 ◆

春日教測・宍倉学・鳥居昭夫 (2014) 『ネットワーク・メディアの経済学』慶応義塾大学出版会

水野貴之・渡辺努「オンライン市場における価格変動の統計的分析」，経済研究第59巻 (2008)，pp.317-329.

Aman, H. (2011) "Firm-specific Volatility of Stock Returns, the Credibility of Management Forecasts, and Media Coverage: Evidence from Japanese firms," *Japan and the World Economy* 23 (1), pp.28-39.

Aman, H. & N. Kasuga & H. Moriyasu (2012) "The Mass Media Effects on the Stock Market in Japan," *mimeo*.

Bailey, J. (1998) "Electronic Commerce: Prices and Consumer Issues for Three Products: Books, Compact Discs, and Software," DSTI/ICCP/IE, 98 (4), Final.

Besley, T. & R. Burgess (2002) "The Political Economy of Government Responsiveness: Theory & Evidence from India," *The Quarterly Journal of Economics*, 117 (4), pp.1415-1451.

Brynjolfsson, E. and M. Smith (2000) "Frictionless Commerce? A Comparison of Internet and Conventional Retailers," *Management Science*, 46 (4), pp.563-585.

Busse, J. & T. Green (2002) "Market Efficiency in Real Time," *Journal of Financial Economics*, 65 (3), pp.415-437.

Chiang, C. F. & K. Brian (2011) "Media Bias and Influence: Evidence from Newspaper Endorsements," *Review of Economic Studies*, 78 (3) pp.66-97.

Clemons, E., I. Hann & L. Hitt (2002) "Price Dispersion and Differentiation in Online Travel: An Empirical Investigation," *Management Science*, 48 (4), pp. 534-549.

DellaVigna, S. & E. T. Kaplan (2007) "The FOX News Effect: Media Bias and Voting," *The Quarterly Journal of Economics*, 122 (3), pp.1187-1234.

Engelberg, J. & C. Parsons (2011) "The Causal Impact of Media in Financial

Markets," *The Journal of Finance*, 66 (1), pp.66-97.
Enikolopov R. & M. Petrova & E. Zhuravskaya (2011) "Media and Political Persuasion: Evidence from Russia," *American Economic Review*, 101 (7), pp. 3253-3285.
Fang, L. & J. Peress (2009) "Media Coverage and the Cross-section of Stock Returns," *The Journal of Finance*, 64 (5), pp.2023-2052.
Gentzkow, M. (2006) "Television and Voter Turnout," *The Quarterly Journal of Economics*, 121 (3), pp.931-972.
George, L. & J. Waldfogel (2008) "National Media and Local Political Participation: The Case of the New York Times," Islam, R. ed. *Information and Public Choice: From Media Markets to Policy Making*, Chap 3, pp.33-48, World Bank.
Groseclose, T. & J. Milyo (2005) "A Measure of Media Bias," *The Quarterly Journal of Economics*, 120 (4), pp.1191-1237.
Huberman, G. & T. Regev (2001) "Contagious Speculation and a Cure for Cancer: A Nonevent that Made Stock Prices Soar," *The Journal of Finance*, 56 (1), pp.387-396.
Ishii, A. & H. Arakaki & N. Matsuda & S. Umemura & T. Urushidani, N. Yamagata & N. Yoshida (2012) "The 'Hit' Phenomenon: A Mathematical Model of Human Dynamics Interactions as a Stochastic Process," *New Journal of Physics*, 14, June, 063018.
Kim, Y., & F. Meschke (2011) "CEO Interviews on CNBC," *SSRN eLibrary*
Mizuno, T. & T. Watanabe (2010) "A Statistical Analysis of Product Prices in Online Market," *The European Physical Journal* B76, pp.501-505.
Strömberg, D. (2004) "Radio's Impact on Public Spending," *The Quarterly Journal of Economics*, 119 (1), pp.189-221.
Takeda, F. & H. Yamazaki (2006) "Stock Price Reactions to Public TV Programs on Listed Japanese Companies," *Economics Bulletin*, 13 (7), pp.1-7.
Tetlock, P. & M. Saar-Tsechansky & S. Macskassy (2008) "More than Words: Quantifying Language to Measure Firms' Fundamentals," *The Journal of Finance*, 63 (3), pp.1437-1467.

第 3 部

ネット・ICT の発展と放送ジャーナリズムの変容

第7章
ネット選挙運動の解禁と放送局

1 はじめに

1-1 ネット選挙運動の解禁

　2013年4月，インターネットを利用した選挙運動（ネット選挙運動）を可能とする「公職選挙法の一部を改正する法津案」が，国会両院いずれにおいても全会一致で可決された。同法は5月に施行され，直後の参議院議員選挙（7月21日）は，ネット選挙運動が解禁された初の国政選挙として，注目を集めたところである。

　そもそも選挙運動を行うことは憲法上の権利であるが[1]，公職選挙法により厳しい規制の下に置かれ，ネット選挙運動も文書図画の頒布に該当することを理由として禁止されていた。他方，総務省の「IT（情報技術）時代の選挙運動に関する研究会」は，2002年8月に，ウェブサイトを利用した選挙運動を解禁する（電子メールは認めない）旨の報告書をまとめていたが，政局の動きや各政党の思惑もあり，日の目を見なかった。2013年法改正により，長年の懸案がようやく一定の解決を見たことになる[2]。

　もっとも，電子メールによる選挙運動の主体が候補者・政党等に限定されており，一般有権者が選挙運動用電子メールを発信したり転送したりすることが依然禁止されている等，ネット選挙運動の解禁はいまだ部分的なものにとど

まっている。しかも，今回の法改正では選挙運動規制一般には手が加えられなかった。従来の規制を維持したままネット選挙運動の一部を解禁したことの整合性が，問われてしかるべきであろう。

1-2　ネット選挙運動と放送局

そうした見直し作業において，選挙運動における報道・評論の規制（公職選挙法148条），とりわけ放送番組に対する規制（151条の5）は，取り上げられるべき論点の1つである[3]。「放送が健全な民主主義の発達に資するようにすること」は，もともと放送法の掲げる目的の1つである（放送法1条3号）。ネット選挙運動が民主主義の深化を図るために認められたものだとすれば，民主的政治プロセスにおける放送の役割をどう捉えるのか，改めて検討する必要が生じている。

むろん現実は，こうした規範的観点を置き去りにして，はるかな先へ進んでいる。放送と通信の連携・融合はもはや自明のことであり，放送局は，放送外サービスをネット上で展開するだけでなく，番組制作においても番組外の情報発信においても，SNSを利用している。インターネットの影響は，すでに番組編集の自由（放送法3条）という放送の核心にまで根を下ろしたといってよい。しかし同時に，放送は政治的公平等の番組編集準則の拘束を受けており（放送法4条1項），とりわけ地上波テレビ放送の画一性に対する視聴者の不満は近年とみに増している。インターネットは自由でおもしろいが，放送は不自由でつまらない，という見方はステレオタイプそのものだが，特にネット上での情報の発受信に慣れた若い世代にとっては，これも自明のこととなっている。

今般の公職選挙法改正は，こうした放送の置かれた状況をまさに象徴する出来事であった。もちろんネット選挙運動の解禁は，自由選挙の原則からして歓迎されるべきことであり，むしろ遅きに失したとさえいえる。しかし，放送に対する規制を維持したままの解禁が，放送と民主的政治プロセスにいかなる影響を及ぼすのかについて，十分な検討がなされた節は見受けられない。その結果，「放送については萎縮効果が構造的に働く結果，過度な自主規制がなされ

てはいないかという問題が，ネットでの言論との対比によって可視化されることとなった」と指摘されているところである[4]。実際にも，放送局は解禁とともにいくつかの課題に直面させられており，しかもそれは独り選挙運動に限らず，現在のメディア環境における放送のあり方一般に通じる性格のもののように思われる。

本稿では，ネット選挙運動解禁について概観するとともに，関係者へのヒアリング等を通じて見えてきた放送の課題を取り上げ，選挙運動規制一般の見直し，ひいては放送のあり方を考えるための素材を提供することにしたい[5]。

2　従来の選挙運動規制

2-1　概要

公職選挙法上の選挙運動とは，特定の選挙について，特定の候補者の当選を目的として，投票を得又は得させるために直接又は間接に必要かつ有利な行為をいう[6]。同法は，「べからず選挙」と呼ばれるにふさわしく，広範囲の選挙運動を制限している。主要な規制としては，次のものがある。

①事前運動の禁止（129条）
②戸別訪問の禁止（138条1項）
③文書図画の頒布・掲示等の制限（142条・143条）
④選挙における報道評論の規制（148条）

判例は，選挙の自由と公正を確保するための規制として，これらの規制の合憲性を認めている[7]。

選挙運動と区別されるものとして，立候補予定者の後援会やポスター等の掲示，政党等の政策宣伝・党勢拡張などの政治活動がある。こうした政治活動はもともと自由に，したがって選挙運動期間前に行うことができるが（憲法21条参照），その内容が投票を依頼するようなものだったり，特定の選挙の立候補予定者であることを明らかにするような場合には，事前の選挙運動として許

されないとされる。もっとも、実際には政治活動と選挙運動（事前運動）の区別は微妙である。

2-2　文書図画の頒布とネット選挙運動

　ネット選挙運動との関係で問題になるのは、③である。公職選挙法142条は、候補者・政党等が限られた枚数内で選挙運動用の通常葉書・ビラを頒布する場合を除いて、「選挙運動のために使用する文書図画」の「頒布」を制限している。一般有権者にとっては、文書図画の頒布という形での選挙運動はいっさい許されていなかったわけである。

　ここでいう「文書図画」とは文字もしくはこれに代わるべき符号又は象形を用いて物体の上に多少永続的に記載された意識の表示のことであり、ホームページ等、コンピュータ・携帯電話等のディスプレイ上の表示もこれに該当する。また、「頒布」とは不特定又は多数の者に配布する目的でその内の一人以上の者に配布することをいい、不特定又は多数の者の利用を期待してホームページの開設又は書き換えをしたり、電子メールを発信することも含まれる。したがって、インターネットを選挙運動に用いることは、文書図画の頒布規制に反するというのが、2013年改正前の行政及び裁判所の解釈[8]であった。

　こうしたネット選挙運動の規制の問題点は、まずは政党等・候補者の政治活動との関係で顕在化する。政党等・候補者が選挙運動期間以前に、日常的にインターネットを使用して政治活動を行うことは自由であるから、たとえば期間前に開設・書き換えしたホームページを選挙運動期間中もそのままの状態にしておいても、違法ではない。しかし、そのホームページを選挙運動期間中に書き換えをすることは、選挙運動の脱法行為（146条）に当たりうる、ということになる[9]。

　しかし、先述したとおり、2002年8月には総務省の研究会がホームページ上での選挙運動を容認する法改正を提言していたし、2005年の最高裁判決[10]も、通信手段の地球規模の目覚ましい発達により在外国民に候補者の情報を適正に伝達することが容易となったことを、国政選挙における在外投票の範囲を拡大

すべき理由として挙げていた。さらに2009年の衆議院総選挙以降，各政党が選挙運動期間中にホームページを更新したり，有力政治家がSNSで選挙運動を行ったりする等の事態が生じ，規制がなし崩し的に有名無実化していたところである。

▌2-3　報道評論の自由と選挙放送の制限

　次に④の報道評論の規制について，見ておこう。公職選挙法は，新聞紙・雑誌に対して，選挙に関する報道評論の自由を保障しているが，虚偽の事項を記載したり，事実を歪曲する記載をしてはならず（148条1項），そのように表現の自由を濫用して選挙の公正を害した者は，2年以下の禁錮又は30万円以下の罰金に処される（235条の2）。

　放送についても，「選挙に関する報道又は評論について放送法の規定に従い放送番組を編集する自由を妨げるものではない。」とされるが，やはり虚偽の事項を報道したり，事実をゆがめる放送等をしてはならないとされ（151条の3），それにより選挙の公正を害した者は処罰される（235条の4）。「放送法の規定に従い」というのは，放送が新聞紙・雑誌とは異なり，不偏不党や政治的公平を課されていることに注意を促す趣旨とされている（放送法1条2号，4条1項2号参照）。

　もちろん放送局の報道・評論の内容がたまたま特定候補者に有利な結果となっても，「社会の公器」たる報道機関としての役割からは許される。とはいえ，公職選挙法はこれとは別に，政見放送・経歴放送の場合を除いて「選挙運動のために放送をし又は放送をさせることができない。」と定めている（151条の5）。いささか複雑な規定ぶりであるが，新聞紙・雑誌と異なり特に「選挙運動のため」の放送が禁止されていることからすると，新聞紙・雑誌による報道・評論は事実の歪曲等に当たらない限り選挙運動にわたっても許されるのに対して，放送の場合は許されない，ということになる[11]。

　このように放送は新聞紙・雑誌と比べて選挙放送の自由が制限されており，行政解釈では，次の点に留意すべきだとされている。

―放送局が第三者的立場で選挙状況を客観的に取材して放送する場合は，あらかじめすべての候補者の了承を求める必要がある（取材拒否の場合はそのまま放送して差し支えない）

―候補者数が多く番組編成上すべての候補者について放送できない場合には，連続した放送日に同一の時間帯とするのが適切である

―放送事業者が候補者・立候補予定者をスタジオに集めて司会の下で政見等を聞き放送する場合，結果的に出演者の選挙運動となってはならない[12]

3 ネット選挙運動の解禁

3-1 概要

2013年公職選挙法改正の概要は，次のとおりである[13]。

①一般有権者を含め，ウェブサイト等による文書図画の頒布が可能となった（142条の3）。

②電子メールによる文書図画の頒布は，候補者・政党等のみ可能となった（142条の4）。

③落選運動のための文書図画の頒布については，①②と同様に電子メールアドレス等の表示義務を負うこととされた（142条の5）。

④インターネットによる有料広告は，政党等による選挙運動用ウェブサイトに直接リンクするもの（検索エンジンやポータルサイト等でのバナー広告等）が解禁された（142条の6）。

⑤悪質な誹謗中傷等，表現の自由を濫用して選挙の公正を害することのないよう，インターネット等を適正に利用する努力義務規定が置かれた（142条の7）。

⑥インターネット等による選挙期日後の挨拶行為が解禁された（178条）。

⑦なりすまし対策として，当選を得若しくは得しめない目的をもって，氏名等

を虚偽表示した者を処罰する規定が置かれた（235条の5）。
⑧選挙運動期間中の誹謗中傷対策として，プロバイダ責任制限法が改正された。
〔以上，【図表1】参照。〕

図表1

できること／できないこと		政党等	候補者	候補者・政党等以外の者
ウェブサイト等を用いた選挙運動	ホームページ，ブログ等	○	○	○
	SNS（フェイスブック，ツイッター等）※1	○	○	○
	政策動画のネット配信	○	○	○
	政見放送のネット配信	△※2	△※2	△※2
電子メールを用いた選挙運動	選挙運動用電子メールの送信	○	○	×
	選挙運動用ビラ・ポスターを添付した電子メールの転送	○	○	×
	送信された選挙運動用電子メールの転送	△※3	△※3	×
ウェブサイト上に掲載・選挙運動用電子メールに添付された選挙運動用ビラ・ポスターを紙に印刷して頒布（証紙なし）		×	×	×
ウェブサイト等・電子メールを用いた落選運動		○※4	○※4	○※4
ウェブサイト等・電子メールを用いた落選運動以外の政治活動		○	○	○
有料インターネット広告	選挙運動用の広告	×	×	×
	選挙運動用ウェヴサイトに直接リンクする広告	○	×	×
	挨拶を目的とする広告	×	×	×

※1　メッセージ機能を含む。
※2　著作隣接権者（放送事業者）の許諾があれば可。
※3　新たな送信者として，送信主体や送信先制限の要件を満たすことが必要。
※4　表示義務が課される。
【出典】「改正公職選挙法（インターネット選挙運動解禁）ガイドライン」（総務省HP掲載）の図を一部簡略化

　このうち，③の落選運動の承認と規制は，韓国の実例もあり注目されたところである。また，改正法の附則は，②について一般有権者への解禁，④について候補者への解禁を，検討課題として明示している。以下では紙幅の都合上，①②⑧に限り，「インターネット選挙運動等に関する各党協議会」が公表したガイドライン[14]も適宜参照しながら，論点に触れることにする。

3-2 電子メールによる選挙運動

まず便宜上，②の電子メールによる選挙運動から先に見ておく。

ここでいう電子メールとは，迷惑メール防止法の定義に依拠し，SMTP方式によるものと電話番号方式によるものの2つとされている（142条の3第1項参照）。

選挙運動用電子メールは候補者・政党等に限って頒布することができ，それ以外の者は，頒布が禁止される（142条の4第1項）。ここで禁止される頒布には，受信した選挙運動用電子メールを他人に転送することも含まれる。

選挙運動用電子メールの送信には，受信者の事前同意が必要であり（同2項），また一度同意した者でもオプトアウトが可能である（同5項）。

選挙運動用電子メールの送信者には，記録の保存義務（同4項）及び送信者の氏名・電子メールアドレス等の表示義務が課せられる（同6項）。

選挙運動用電子メールは，選挙期日の前日，したがって選挙日の午前0時ギリギリまで送信可能である（129条）。

3-3 ウェブサイト等による選挙運動

次に，①のウェブサイト等による選挙運動であるが，これはインターネット等を利用する方法のうち電子メールによるもの以外のものをいう。したがってガイドラインによれば，

―ウェブサイト（いわゆるホームページ）

―ブログ・掲示板

―Twitter，FacebookなどのSNS

―動画共有サービス（YouTube，ニコニコ動画等）

―動画中継サイト（Ustream，ニコニコ動画の生放送等）

のほか，今後現れる新しい手段を含むことになる。

特に注意しなければならないのは，FacebookやLINE等のユーザー間でやりとりするメッセージ機能は，迷惑メール防止法上の電子メールではないから，公職選挙法上はウェブサイト等に含まれるという点である。したがって，一

般有権者も，SNS上で公開された選挙運動用の書き込みについて「いいね！」ボタンを押したりシェアするだけでなく，受信した選挙運動に関するメッセージを他の利用者に送信することもできる。しかもこれらのメッセージ機能は，通信の秘密（憲法21条2項，電気通信事業法4条）によって保護され，後述するプロバイダ責任制限法の適用対象ではない。同法は，いわゆる「公然性を有する通信」を対象として想定しているからである[15]。

　SNSの扱いは，未成年者の選挙運動が引き続き禁止されていること（公職選挙法137条の2）にも関わっている。未成年者が，送信先が規制されている選挙運動用電子メールを受信することは珍しいとしても，SNS上では，選挙運動に係る投稿を閲覧したり，メッセージを受信したりする場合があると想定される。それゆえ，総務省が作成した未成年者向けチラシも，「他人の選挙運動メッセージをSNSなどで広める（リツイート，シェアなど）」が禁止されることを強調していた。

　ウェブサイト等による選挙運動を行う者は，電子メールアドレス等を表示する義務を負う（142条の3第3項）。この義務に違反した場合，後述するプロバイダ責任制限法による即時削除の対象となりうる。

　ウェブサイト等による選挙運動も選挙期日の前日まで可能であり，したがって選挙日の午前0時ギリギリまで投稿・更新可能である（129条）。さらに，ウェブサイト等に掲載された選挙運動用文書図画は選挙当日もそのままに閲覧可能な状態にしておくことができる（142条の3第2項）。

▌3-4　誹謗中傷対策

　ネット選挙運動の解禁により，候補者が誹謗中傷されて選挙の公正が害されるおそれがあることから，従来のネット上の名誉毀損対策の延長線上で，選挙運動期間中の特例が定められた。

　インターネットの普及当初から，プロバイダ等が自らのサーバから権利侵害情報が発信されていることに気づいた場合に，それを削除する等の送信防止措置をとることが期待されてきた。とはいえ，情報発信者から責任を追及され

るおそれがある場合に，プロバイダ等が送信防止措置を控えるのも当然である。そこでプロバイダ責任制限法は，①他人の権利が不当に侵害されていると信じる相当の理由があったとき，②権利を侵害されたとする者からの申出により発信者に照会したが，発信者から7日経っても申出がない場合には，「特定電気通信役務提供者」(プロバイダ等)が情報送信防止措置を講じた場合に，情報発信者との関係で損害賠償責任を制限する規定を置いていた(3条2項)。

これに対して今般の改正では，選挙運動期間中，選挙運動用文書等により自己の名誉を侵害されたとする公職の候補者等からの申出について，②にいう照会期間を7日から2日に縮減した(3条の2第1号)。さらに，先述のとおり，ウェブサイト等を利用した選挙運動には電子メールアドレス等の表示が義務づけられているが(公職選挙法142条の3第3項。落選運動については142条の5)，それが正しく表示されない文書について候補者等からの申出があった場合には，特定電気通信役務提供者は直ちに送信防止措置を講じても責任を負わない，とした(プロバイダ責任制限法3条の2第2号)[16]。

いずれにしても，プロバイダ等に送信防止措置をとることを義務づけるとか，2日間以内に削除しなければならないというものではない。また，一見したところこの規制は放送とは無縁のもののように思えるが，掲示板を開設・管理している利用者も「特定電気通信役務提供者」に当たるため，後述する放送局のSNS利用との関係で重要な問題を孕んでいる(5-5参照)。

4　2013年参議院選挙におけるネット選挙運動

4-1　「低調」だったネット選挙運動？

ネット選挙解禁後初めての国政選挙であった2013年7月の参議院議員選挙については，すでに各方面から分析結果が公表されているが，ネット選挙運動の解禁が投票率の向上や選挙結果に与えた結果は限定的だったとの評価が定着しているようである[17]。もっともこれは，自民党の優勢が早期に確定していた

ことや，候補者が一方的な情報発信に終始し，候補者同士，あるいは候補者と有権者の間での議論が盛り上がらなかったこと等の事情によるところも大であろう[18]。また，電通PRと橋元良明（東京大学）の共同アンケート調査によると，利用した情報源がどの程度役に立ったかを問う質問への回答は，テレビ53.7%，新聞35.1%に対して，インターネットのポータルサイト・ニュースサイト15.5%，政党・候補者のネット情報10.6%だった，という。しかし，この種のメディアへの信頼は，普段の利用に依存するところが大きいと考えられるから，ネット選挙運動解禁を機にネットを通じて政治的な意見や情報がますます発信されるようになり，利用者がそれに日常的に接する機会が増えれば，状況は変化することも予測される。

むしろ2013年参院選については，自民党が「選挙ビッグデータ」を有効に活用して選挙戦を進めたことや，Yahoo! Japanがビッグデータ分析により選挙結果をかなりの精度で予測したこと等，選挙構造の変化の萌しが見られたことが指摘されている。そうした変化がネット選挙運動と結びつけば，選挙や民主的政治プロセス全体が，より多様な有権者の意見や利益に応答する能力を高めていくことが，期待される。とりわけネット選挙運動の解禁により，政治活動と選挙運動の垣根が実質的に低下したのだから，今後は選挙期間以外でもSNSを通じて，政治家と有権者の間のネットワークが形成されるかどうかが，政治プロセスの活性化にとっての試金石になるものと考えられる。この点で，候補者433人のうち，373人（86%）がFacebookを，299人（69%）がTwitterを利用していたにもかかわらず，選挙後にはそれらがあまり活用されていないとの指摘は，重く受け止める必要があるだろう[19]。

いずれにしても，ネット選挙運動の解禁は即効薬というよりも漢方薬のような形で作用し，「今後じわじわと政治のあり方に影響を与えるものと思われる」[20]と捉えるべきであろう。

4-2　ネット選挙運動と選挙の公正

他方，2013年参議院選挙において，違反取り締まりにおける警告件数は

2204件であったが、このうちネット選挙運動に対する警告は25件であり、そのうちホームページ・ブログを利用したものが10件、SNSを利用したものが6件、電子メールを利用したものが9件だった、との報告がある[21]。

ウェブサイト等では、公示日前に立候補予定者が選挙運動用文書図画を掲載した、有権者が投票日当日にTwitter上で投票を呼びかけた、対立候補へのネガティヴキャンペーンがあった等が報道されているが、事前に懸念されたよりも違反ないしトラブルの数ははるかに小さかったといえよう。ウェブサイト上でネガティヴキャンペーンをされた陣営が、プロバイダ等に対して削除要請をした等の例は確認されておらず、むしろさらなる炎上を怖れて放置したのではないかと思われる。さらに、政党党首・候補者等のTwitterアカウントへのなりすましも数例程度にとどまり、本人認証の仕組みが機能したと見られる[22]。

そのほか、電子メールについては、候補者陣営が事前の同意を得ないまま選挙運動用メールを送信した例、一般有権者が知人に投票を依頼するメールを送信した例、有料インターネット広告については、政党支部のバナー広告に候補者個人の氏名等が強調されたものが掲示された例があったとされるが、おおむね選挙の公正を害したとまではいえない範囲にとどまっていたようである。

さて、ネット選挙運動解禁を迎えて、放送局はどのような対応をしたのだろうか。

5　放送局の対応

5-1　選挙報道の公平・公正

放送法5条は、放送局が番組基準を策定し公表することを求めており、それに該当するのはNHKであれば「NHK国内番組基準」、民放各社であれば各社の番組基準及び「日本民間放送連盟　放送基準」である。しかしこれらの基準は一般的であり、選挙報道について特に詳しい記載があるわけではない。むしろ基本的には内部向けの資料であるガイドラインないしハンドブック等にお

いて，選挙報道における留意点が指示されている。たとえば，公表されている「NHK放送ガイドライン2011」では，「12　政治・経済　世論調査」の「②選挙」の項目で，次のような記載がある。

- 選挙関係のニュースや番組の放送，選挙結果の速報などは，正確な取材と公正な判断によって自主的に行い，公職選挙法の趣旨に従って選挙の公正を損なわないようにする。
- 選挙情勢や現地報告などを扱う場合は，事実を的確に把握して分析し，表現にも十分に注意を払う。
- 開票速報では，開票状況や出口調査などのデータを冷静に分析し，正確で迅速な当確判定を行うとともに，視聴者や有権者の関心に応える放送をする。
- 候補者名の順番や映像の扱いなどの具体的な問題については，一貫性をもって対応する。
- 選挙時期が迫っているとき，立候補予定者や立候補が予想される人は，選挙期間の前であっても，原則として選挙とは無関係の番組で取り上げない。選挙の応援をする学者・文化人や芸能人などの番組出演は，政治的公平性に疑念を持たれないように配慮する。
- 投票終了前の選挙違反のニュースは，候補者の当落に微妙な影響を与えるので，候補者の名前や政党名の扱いについて慎重に配慮する。

また，公表されているテレビ東京「報道倫理ガイドライン」では，「選挙報道に関しては，特に公正・公平性に留意する」という項目を設け，次のように記載している。

　　報道の自由は，選挙報道でも保障されている。しかし，報道の際は選挙結果が市民生活に重大な影響を与えるものであることを常に念頭に置き，公正・公平性に特に留意する。候補者や政党などを紹介する際は可能な限り公平に扱う。報道の目的は有権者に正確な判断材料を提供するものであ

り，特定の候補者や政党の利益を目的としてはならない。

　さらに，報道現場では，選挙が近づくたびに報道の公平・公正を徹底している。たとえばテレビ朝日では「放送ハンドブック（2012）」を受けて，マニュアル「選挙報道の手引き（2013）」を作成し，スタッフ勉強会で周知しているとのことである。

　このように，近時は，選挙報道の公平・公正の遵守を強い調子で求めたBPO報道倫理検証委員会の答申も踏まえて[23]，選挙運動期間ないしその直前には，それまでの政治報道に急ブレーキをかけるという雰囲気が，現場には強いのではないかと思われる。

5-2　ネット選挙運動解禁でも変わらない公平・公正

　参議院選挙は選挙の時期が固定されており，キー局とローカル局の間で選挙デスク会議を開催するなど事前に周到な準備が可能であるが（もっとも，ネット選挙運動対応を含め，キー局が系列を指導するというような関係にはないようである），2014年の東京都知事選では，候補者の決定が遅れたため，報道に気を遣う局面が生じたとのことである。たとえばテレビ討論会について，国政では政党要件等を基準にできるのに対して，地方選挙では多くの無所属候補の中から「有力候補」を選別してよいかどうかが公平・公正との関係で問題となり，放送局の対応は分かれた。そもそもネット系動画配信サービスではこうした配慮が問題にならないという点ひとつ取ってみても，放送に対する要請が過度に厳格なものとなっていないかどうかが疑われるところである。

　あるNGOが選挙運動期間前に都知事選の立候補予定者のトークショーを開催するために，テレビ朝日の所有する会場を使用する予定だったところ，直前になって使用が禁止されたという事例が報じられているが[24]，真に公職選挙法上の事前運動に当たるかどうかという判断を超えて，放送局として，外見上の公平・公正にまで配慮せざるをえないという事情が伏在しているように思われる。

第7章　ネット選挙運動の解禁と放送局　　*167*

こうした経緯からすれば，2013年参議院議員選挙において，ネット選挙運動の解禁により新しい「見せ方」の可能性が開かれたにもかかわらず，放送局が報道の公平・公正を最優先させる姿勢を変えなかったということは，よく理解できる。この点は，筆者がヒアリングした範囲だけでなく，選挙ビッグデータの分析を活用した日本テレビの関係者も，指摘するところである[25]。

■ 5-3　出演者のネット選挙運動

とはいえ，これまでの選挙期間中の公平・公正が，ネット選挙運動から影響を受けないまま済んだわけではない。その最たる例は，候補者を応援するツーショット写真がネット上で公開された音楽グループのメンバーが出演する番組の放送を，選挙運動期間中はNHKが見合わせた，という件であろう。同じ時期，政党が発行する新聞紙面に登場した俳優が出演している人気連続ドラマはそのまま放送されたこととの兼ね合いも，一時話題となった。NHKとしては，当該人物の選挙への関わり方や出演者の番組中の役割等で総合的に判断したとのことである。しかし，公正を確保しようとして放送を中止した結果，かえって特定の候補者を際立たせるという問題が生じているようにも思われる。

そもそも，報道番組の出演者が，番組の中で特定の政党・候補を応援する発言をするならば，それが公平・公正に反すると指弾されるのはいわば当然である。これに対して，タレント等が，番組外で公職選挙法に反しない，たとえば応援演説などの形で，選挙運動を行うことは従来からあり，放送局はこのような場合にも公平・公正の外見に配慮して，選挙運動期間中の出演を控えてもらう等の措置をとってきたところである。しかしネット選挙運動解禁により，気軽にSNS上で特定の政党・候補を応援する発言が可能になってしまったため，放送局が従来どおりの対応を貫くことができるかは，難しい課題となっている。

各局ヒアリングでも，気になる出演者のタイムラインを一応チェックしたり，ツイート等が選挙運動に当たりうることを注意喚起したりする場合がある，特に報道番組の出演者には気を遣うが，娯楽番組等を含めシステマティックに編成全体に及んでいるわけではない，との話を聞いた。

■ 5-4 放送番組におけるネット利用と公平・公正

　報道番組の中で，視聴者のツイートをテロップの形で紹介する等の手法が採られることがある。たとえばNHKでは，当該番組あてのツイートを収集し，編集権の行使として責任者が採否を決定した上で，流す等の作業をしている。選挙報道番組では，たとえば（特にTwitterの公式認証を取っていない）候補者の書き込みを拾ってしまっていないか等には，非常に気を遣うとのことである。またテレビ朝日では，過失を怖れて，選挙報道番組ではツイートのピックアップはしなかったとのことである。むしろ新聞社の選挙特設サイトと比べて，放送局の方が，双方向性を活かす取り組みが番組内でも特設サイトでも遅れている，との述懐も聞かれた。

　他方，放送局が番組ホームページなどを開設する場合にも，一般的に政治的公平等への配慮が見られる。たとえば先の「NHK放送ガイドライン2011」の「6　ネット社会」は，「②NHKからの情報発信」の項目において，次のように定めている。

- NHKが発信する情報であるかぎり，インターネットでも，公共放送にふさわしい良質な情報であることが求められる。「放送ガイドライン」に記された内容をインターネットサービスにも適用しなければならない。
- ブログやツイッターなどは，視聴者とNHKを結ぶ新たな手段としての可能性を持っており，審査の上で番組や放送局単位での利用を認めている。ただし，不特定多数を対象にしていること，また，情報がネット上に瞬間的に広まることを理解した上で，活用しなければならない。

　NHKでは，2013年参議院選挙の前に，自身の番組ホームページ上のリンクだけでなく，関連団体のリンクも総点検し，たとえば，政党のバナー広告等が関連団体のホームページに出ることのないよう，契約と実態の確認を行ったとのことである。また，各放送局とも，選挙運動用ウェブサイトのURLを番組ホームページに記載するよう候補者陣営から求められても，公平・公正を理由に断っ

ている，とのことであった．

5-5　SNS 上のコメント機能の扱い

　次に，各放送局は Facebook，Twitter 等の外部の SNS を利用している．その際に，放送局の投稿ないしツイートに他のユーザーが寄せたコメントないしツイートが，第三者の名誉を毀損するという場合がある．たとえば TBS の公式 Facebook に掲示されている「TBS テレビ コミュニケーションガイドライン」では，「政治活動，選挙活動，宗教活動，またはこれらに類似する行為・内容」や「著作権，商標権，プライバシー，名誉等，当社または第三者の権利および利益を侵害する行為・内容」のコメントを削除する場合がある旨が記載されている．テレビ朝日のニュース情報サイト「テレ朝 news」の公式 Facebook ページにも，同旨の利用規約が置かれている．放送局の公式アカウントは多くのユーザーが閲覧するものであり，そこをいわば足がかりにして二次的・三次的にコメントが拡散する可能性もある以上，放送局が他の企業と同様，この種の規約を定めて，削除権限を確保することは，当然であろう．

　これに対して，ネット選挙運動の解禁に伴う誹謗中傷対策との関係では，プロバイダ責任制限法の趣旨からして，事実上の管理者としての立場に基づく迅速な対応が要請されることもある．この点で周到な事前対応を行ったのは，やはり NHK である．2013 年 6 月に定められた「NHK インターネットサービスの運営方針と利用規約」は，NHK の利用する外部アカウント上のコメントにより権利が侵害されたとの申告を受け付け，コメントを投稿した利用者に対する照会の手続を用意し，とりわけ選挙運動期間中の候補者及び政党用に特別の申告フォームを設けた．もっとも 2013 年参議院選挙においては，候補者等からの要請等により，正式な手続きで対応する事態は生じなかった，とのことである．この種の誹謗中傷については，Facebook 等のサービス提供者に対応すべき責任があるのではないか，という論点もある[26]．

5-6　候補者陣営による選挙取材の公開，政見放送

　今回のヒアリングで印象的だったことの1つは，放送局が候補者を取材している様子が，逆に陣営によってネット上に公開されてしまうという問題である。現在，記者のSNS利用については，取材先を発信しない等の制限をかけている報道機関が多いと思われるが，逆に取材対象者である候補者の陣営が，自分が密着取材を受けており有力候補者として認知されていることを有権者にアピールするために，写真を撮ってネット上に発信してしまうということが，2013年参議院選挙ではしばしば生じたとのことである。この点について，各放送局とも事前に取材チームに注意を促したり，SNSに取材の様子が掲載されているのを発見した場合に削除を依頼したりしているが，取材先との信頼関係の問題もあり，ケースバイケースの判断となるしかないようである。

　また，ウェブサイト等による選挙運動には動画配信サービスによるものも含まれることから，ネット上で政見放送を配信することも公職選挙法上可能となった。このため2013年参議院選挙では，放送局が録画した政見放送の配信について，候補者が著作隣接権者である放送局の同意を求める例があった。当該放送局は黙認したようであるが，放送局がすべての候補者に公平に同意したとしても，政見放送の収録日が候補者によって違いがある場合，全体としての公平・公正が担保されているのか，選挙管理委員会における統一的な対応が必要ではないかという論点も生じている。

6　むすびにかえて——見えてきた課題

　ある選挙実務経験者は，ネット選挙運動の解禁によって，個々の選挙運動により生じるとされる「弊害」の具体的内容を改めて検証する必要がある，と指摘している[27]。本稿はその検証の1つの素材として，また，変化するメディア環境において放送が置かれた状況一般を考えるためのモデルケースとして，選挙報道の公平・公正を取り上げてきた。

すでに見たとおり，政党・候補者も一般有権者もまだなじみが薄いため，2013年参議院選挙におけるネット選挙運動はそれほど活発なものとはいえなかった。しかし今後，接戦が予想される国政選挙（とりわけ衆議院小選挙区や補欠選挙），あるいは地方選挙においては，落選運動を含めネット選挙運動が盛んに展開される日は，そう遠くないであろう。その際には，違反行為の摘発や誹謗中傷を理由とした削除要請が多数に上るというだけでなく，放送と選挙の関係が，2013年参議院選挙よりもはるかにシビアな形で問われることが，大いに予想される。ここではヒアリングから印象づけられた2点を挙げることで，むすびに代えたい。

　第1は，そもそも選挙の公平・公正とは何か，という論点である。ネット選挙運動の解禁は選挙運動の自由を拡大するものであったが，なお公平・公正を確保するという建前は維持されている。しかしそうだとすれば，現実に存在する候補者間，有権者間のメディアリテラシーの較差をどう埋めるか，という問題が残るはずである。仮に従来の選挙運動規制の延長線上で考えるならば，政見放送のネット配信からも示唆されることだが，選挙管理委員会が，政党・候補者の情報発信を集約するサイトを開設する等の方策も考えられて良いだろう。逆に，選挙運動の自由に舵を切り，選挙の公平・公正に対する現実的弊害のみを禁止するというのであれば，文書図画や報道評論に対する規制は大きく緩和されるべきだろうと思われる。放送局に対する公平・公正の要請も，とりわけ放送外のサービスについてまで，外見的な公平・公正の遵守を強いることにならないよう，見直されるべきであろう。

　この点に密接に関連するが，ネット上での表現の自由が広がる現在において，放送局に求められる報道のあり方ないしジャーナリズムとは何か，という第2の論点がある。候補者は，動画配信サービスでの討論会であれば自らへの投票を訴えることができるが，放送での討論会ではそれは選挙運動放送として禁じられている。放送での討論会の方が「つまらない」のは，当然である。このようにネット上での表現の自由が広がる中，むしろ放送局は——とりわけNHKに妥当しようが——これまでの公平・公正を積極的に守ることで，政治的見解

の対立・相違に対してわかりやすい座標軸を提供する機能を果たすことが期待される側面がある。他方，政党・候補者に突っ込んだ質問を行い，論点を発見・設定し，民主的政治プロセスの活性化に資するジャーナリズムが，放送に求められることは，いうまでもない。この場合，ネット選挙運動の解禁が，政党・候補者と有権者ないし有権者同士のSNS上での交流を通じて民主主義を活性化させるポテンシャルを秘めていることからすれば，すでにしばしば指摘されているように，SNSとの有効な連携が鍵となろう[28]。いずれにせよ，個々の放送局が，単に他律的な「公平・公正」によって萎縮するのではなく，自らのものとして「公平・公正」を具体化し，責任ある形で放送等に活かすのかが，重要であるように思われる。

＊追記

　脱稿後，「インターネット選挙運動解禁に関する調査報告書」（2014年3月，総務省HPで公開）に接した。

（宍戸 常寿）

◆注◆

1) 最大判平成11・11・10民集53巻8号1704頁。井上典之「ネット利用解禁後の公選法の文書図画の規制の問題」，Voters16号2013年10月，10頁参照。
2) ネット選挙運動導入までの経緯について，情報ネットワーク法学会編（2013）『知っておきたい ネット選挙運動のすべて』1頁以下〔岡村久道〕より。
3) 臺宏士「ネット解禁で注目の公職選挙法 報道規制条項の撤廃も検討せよ」，Journalism 2013年8月号，66頁参照。
4) 曽我部真裕「インターネット選挙運動の解禁」，法学セミナー708号2014年1月号，12頁参照。この点に関する示唆的な分析として西田亮介（2013）『ネット選挙』，44頁以下，205頁以下。
5) ヒアリングの概要は，次のとおりである。
　―NHK（2013年10月21日）：桑原知久氏（編成局編成主幹），田原稔氏（編成局計画管理部専任部長），市川芳治氏（編成局計画管理部主管）
　―テレビ朝日（2014年3月17日）：関川修一氏（報道局クロスメディアセンター長）
　―TBSテレビ（2014年3月21日）：桶田敦氏（情報制作局次長）
　（肩書きはいずれもヒアリング時）

このほか，総務省の自治行政局選挙部選挙課及び総合通信基盤局消費者行政課，Twitter Japan より情報提供を受けた。この場を借りて，関係各位に謝意を表したい。
6）安田充・荒川敦編著（2009）『逐条解説 公職選挙法（下）』971頁より。最決昭和38・10・22刑集17巻9号1755頁，最判昭和52・2・24刑集31巻1号1頁等参照。
7）①について最大判昭和44・4・23刑集23巻4号235頁，②について最判昭和56・6・15刑集35巻4号205頁，最判昭和56・7・21刑集35巻5号568頁，③について最大判昭和30・4・6刑集9巻4号819頁，④について最大判昭和30・2・16刑集9巻2号305頁等参照。
8）東京高判平成17・12・22判例集未登載。
9）以上について安田・荒川編著・前掲注(6)1108頁以下参照。
10）最大判平成17・9・14民集59巻7号2087頁。
11）公職選挙法148条3項が，もっぱら選挙目当てに選挙運動期間ないしその直前に発行されるような新聞紙・雑誌には選挙運動規制の適用除外を認めないのも，このことに関連する。最判昭和54・12・20刑集33巻7号1074頁も参照。
12）安田・荒川編著・前掲注(6)1237頁以下参照。
13）選挙制度研究会編『インターネット選挙運動解禁　改正公職選挙法解説』，情報ネットワーク法学会編・前掲注(2)39頁以下〔湯淺墾道〕参照。憲法上の問題点を指摘するものとして松井茂記「インターネット上の選挙運動の解禁と表現の自由」，法律時報85巻7号（2013）76頁以下参照。
14）「改正公職選挙法（インターネット選挙運動解禁）ガイドライン（第1版）平成25年4月26日）」。
15）情報ネットワーク法学会編・前掲注(2)88頁以下〔大倉健嗣〕参照。
16）総務省総合通信基盤局消費者行政課（2014）『改訂増補版 プロバイダ責任制限法』45頁以下参照。
17）4節の記述については，髙橋茂（2013）『マスコミが伝えないネット選挙の真相』，人羅格「平成25年参院選とネット選挙運動解禁」，月刊選挙2013年9月号13頁以下，湯淺墾道「参議院選挙を振り返る」，月刊選挙2013年8月号3頁以下等参照。
18）佐々木勝実「インターネット選挙運動を解禁する公職選挙法一部改正の経緯」，RESEARCH BUREAU 論究10号 2013年10月，290頁参照。
19）佐藤哲也「参院選における有権者のネット活用」，Voters16号4頁以下参照。
20）曽我部・前掲注(4)12頁参照。
21）渡部真次「第23回参議院議員通常選挙における違反取締状況について」，月刊選挙2013年12月号14頁参照。
22）Twitter Japan では，政党・議員・候補者向けに，サービスを選挙運動に活用

する方法等をまとめたパンフレットを作成，頒布したとのことである。
23) 2010年12月2日第9号委員会決定，2011年6月30日第11号委員会決定。同委員会は2013年4月，参議院選挙に先立って，公平・公正に注意を喚起する委員長名のコメントを発表した。さらに2013年参議院議員選挙に関わる2番組の放送倫理違反が認定されている（2014年1月8日第17号委員会決定）。
24) 東京新聞2014年1月26日朝刊等。
25) 伊佐治健・藤井潤「ネット上のトレンド分析の重要性」，月刊民放2013年10月号36頁以下参照。
26) 湯淺墾道「インターネット選挙運動解禁の課題」，月刊選挙2013年4月号7頁以下は，ネット選挙運動が海外事業者の提供するサービスに依存している点を指摘する。
27) 三好規正「公職選挙法改正」，法学教室394号2013年7月号，57頁参照。
28) 津田大介（2012）『ウェブで政治を動かす！』88頁，情報ネットワーク法学会編・前掲注(2)120頁以下〔藤代裕之〕参照。

第8章

ソーシャルメディアと放送ジャーナリズム
~地域ジャーナリズムでの可能性~

1 はじめに

いま，報道の現場では，TwitterやFacebookをはじめとしたSNS（ソーシャルネットワーク・サービス）が，利活用されることは，至極，当たり前のこととなっている。

たとえば，新聞では，現場の記者が，取材に絡むこぼれ話を「つぶやく」ことで，読者の本紙への誘導を図っている。もちろん，これらの記者の書き込みは，会社がオーソライズしたものであり，社によっては，「Twitter記者」といった形で，特定の記者に，社の代表としてTwitterでのつぶやきを業務として担わせているケースもある。

放送局の方が，ある意味，より積極的とも言えるだろう。報道局やニュース番組のみならず，ドラマやバラエティ，社会情報番組，天気予報に至るまで，番組単位でTwitterやFacebookを積極的に立ち上げ，番組に関連する情報の拡散に努めているのが実状である。

もちろん，放送局がそのようなSNS利用に積極的なのには，SNSが番組宣伝装置として一定の効果があると認識しているとともに，単に番組を放送によって提供するだけでなく，SNSというメディアを介して利用者に番組を認知してもらうとともに，より一歩進めて，利用者との双方向性を喚起し，利用

者に番組に「関わっている」,「参加している」という,ある種の「共感」を意識してもらうことを意図していることは,明らかである。

他方において,携帯電話,スマートフォンの普及などにより,事件や事故の現場に遭遇した一般人が,その「決定的瞬間」を撮影するといったケースも急増している。報道機関からすれば,彼らが撮影した画像を提供してくれるメディアであることが求められる時代となった。そのためには,視聴者にその想いを受け止めてくれるメディアであると認識してもらわなくてはならない。もちろん日ごろからのブランド力の維持がものをいうのは,言うまでもない。

そのように考えてみると,SNSの登場は,いまのジャーナリズムに少なからず影響を及ぼしつつあるのではなかろうか。

本稿では,放送ジャーナリズムにとってSNSの利用がどのような意味を持つのか,また,今後,何が問題となっていくのかを改めて整理しておきたい。

2 報道現場が変わった

いま,事件・事故の現場に駆けつけた取材記者の重要な仕事のひとつとなってしまっているのが,その現場で決定的瞬間に偶然に居合わせ,手元のスマートフォンなどで撮影した一般人を見つけ出し,その画像提供を求めることにあるという。もちろん,彼らが自らのTwitterやFacebookに現場の状況を書き込んだり,現場で撮影した画像を投稿サイトなどにアップするということもある。それらの情報をフォローすることも,現場記者に求められるのが,いまの報道現場なのだ。

加えて,メディアと利用者とのより根本的な問題として,多メディア化・多チャンネル化といったメディアの多様化の進展というメディア環境の変化のなかで,それぞれのメディアが,その存在を積極的にアピールしなければ,プレゼンスを示せなくなりつつある。特に若者を中心に,そのメディア利用全体の傾向として,ウェブ系メディアの接触量が相対的に増加傾向にあることは,多

くのところで指摘されているとおりである。

　それに対して,「若者のテレビ離れ」というコトバに象徴されるように,新聞,ラジオ,テレビといった伝統的なメディアの接触量は,相対的に低減傾向にあり,大衆消費社会化のなかで見られたように,マスメディアが人々をつなぐ装置として圧倒的に優位な存在ではなくなりつつある。言い換えれば,メディアの側が,日頃から積極的にその存在感をアピールし,利用者に慣れ親しんでもらうことこそが,社会公共的なサービスという側面においても,メディア・ビジネスという側面においても求められる状況が生まれているのである。

　そのようなメディア環境の変化のなかにあって,新聞社や放送局といった既存のマスメディアが,その報道活動にTwitterやFacebookなどのSNSを積極的に活用しようとの動きが進行している。ただしそこでは,それらSNSのメディア特性を理解し,自らの活動に対応した一定のルール作りが肝要となる。

　ひと頃,「通信と放送の融合」と言うと,放送事業が通信事業に飲み込まれるといった「通信脅威論」も多かったが,ウェブ系メディアが飛躍的に普及するなかにあって,放送事業者に問われているのは,戦略的なメディア展開と言えるだろう。ここでは,SNSを報道に取り込んだ先行的な取り組み事例を紹介しながら,今後のありようについて考えてみよう。

3　メディアと利用者が一緒に考える報道

2013年元日,朝日新聞が「ビリオメディア」という連載を開始した。
　SNSが普及するなかで,新聞がSNSを使った新たな紙面作成の試みとして始められた連載企画である。この連載開始にあたり,ビリオメディアについて,紙面で「10億（ビリオン）を超える人たちがツイッターやフェイスブックなどの『ソーシャルメディア』で発信するようになった社会を『ビリオメディア』と名付けました。沖縄から始まる今回の新年連載では,私たち自身もソーシャルメディアを駆使し,取材の様子を可能な限りネット上で公開してきました」

と説明している。この説明文の上には,「新しい取材方法　挑戦してみました」という見出しが掲げられている。

　その第1回で取り上げたのは,沖縄の人々の声であった。周知のとおり,在日米軍基地の7割以上が沖縄に置かれ,沖縄への過重な基地負担の軽減は常に政治課題にされてきた。その沖縄の米軍基地負担の軽減策の象徴として扱われてきたのが,普天間基地の移設問題であった。1995年に発生した在沖縄米軍兵士による少女暴行事件をきっかけに,普天間基地の移設を日米両政府間で合意したものの,その後,移設先をめぐっては迷走を続けることになる。日米両政府は沖縄本島北部の辺野古地区への移転案を推進するも,2009年に誕生した鳩山民主党政権が「少なくとも県外」と表明。翌年には撤回するという失態を演じたことで,県民感情が悪化の一途をたどることとなった。

　他方で,「沖縄の経済は,米軍の基地に依存している」といった意見や,「基地反対の人はごく少数」といった声があることも確かである。

　そんななかで,はたして沖縄の若者たちは,本当のところ,米軍基地についてどのように考えているのか。彼らの声を,SNSを取材活動に使って,拾い集めてみようという試みである。元日の1面に載ったこの企画第1回目の見出しは,「つぶやきながら現場歩いた」というもの。小見出しには,「沖縄の基地,話したい！　高校生が応えてくれた」とついている。

　この企画の取材に当たった仲村和代記者は,沖縄を歩きながら,Twitterで地元の生の声を寄せてほしいと呼びかけ,つぶやいてくれた人たちに連絡をして,取材に出向いて実際に面談し,話をまとめていくという取材手法をとっている。1,2面を使った紙面には,SNSでのやりとりがきっかけで取材が始まった6名を含む,9名のインタビュー記事が載っている。SNSを活用した取材による沖縄に対する多様な意見で構成された紙面は,新聞界では話題になった。

　ちなみに,この企画に対する意見をほしいという呼びかけに対して,Twitterで応じてくれた人たちのなかで,より深く話を聞いてみようと思う「つぶやき」をくれた人については,その人の過去の書き込み履歴を読み込み,取材されることを目的に用意したTwitterでないことを確認してから,アクセスをしたと

いう[1]。もちろん，そのような手間をかけるように心がけたのは，沖縄で暮らす若者のふだんから感じていることや，生の声を拾いたかったからである。

4　新聞記事の構造と論理

この「ビリオメディア」の連載が，新聞界で話題になったのは，取材活動に対する新聞界特有のしきたりがあるからとも言える。

　一般的に，一般紙の新聞紙面に掲載される記事内容は，圧倒的に「発生もの」の割合が高く，そこで記者に求められるのは，取材による「事実」の積み重ねであり，締め切り時間までに明確になった事実の提示である。それゆえに，現場記者には，取材の過程で，徹底した事実の追求が求められ，また，取材内容について誤りがないように「裏取り」も求められるのである。クローズな会合において話し合われた内容について，出席したある人物からその内容を取材できたとしても，他の参加者に対する取材によって，その会合の内容の確認（＝「裏取り」）ができなければ，紙面化しないか，または極めて慎重に扱うというのが，新聞記事作成の「掟」である。

　もちろん，そのようなファクト・ファインディングが徹底しているがゆえに，読者の新聞紙面に対する信頼を維持できることになる。ただし，そのような新聞記事作成の「掟」が守られれば守られるほど，紙面は，「起こったこと」や「結果」を伝える記事の占める割合が高くなるのは当然と言える。つまり「新聞」とは，記者が取材によってわかったことを，読者に伝えるものであり，両者の関係性は固定的である。言い換えれば，読者は，あくまで新聞記事の読み手であって，ニュースの送り手は，常に記事を書く記者であり，新聞社ということになる。そのことからすれば，「ビリオメディア」の取材方法は，記者がわからないことを読者に尋ね，読者から解答を提供してもらうという試みでもあり，それは，記者と読者との間に，SNSを介することによって，それまでの読み手と送り手の関係性を揉み直すことにもつながるものであった。

このような読者に問いかける形の紙面作りは，これまでにもなかったわけではないが，新聞紙面の作り方としては挑戦的であり，また，SNSの取材への利用ということも，画期的であったからこそ，新聞界で「ビリオメディア」の企画が注目されたのである。
　ただ，送り手側が，メディア利用者に問いかけるという形のメッセージ構成は，放送においては，これまでにも行われてきた手法といえるだろう。特に全国ニュースに比べエリアが狭く視聴者との距離が近い，ローカル民放局のニュースワイド番組において，しばしば見ることができる。視聴者から寄せられた質問や意見を番組内で取り上げ，その背景にある社会問題をも含め，放送を通じて視聴者に意見を求める，解決策を探るという手法は，これまでにもなされてきた手法である。特に視聴者・聴取者との距離の近いローカル放送局の番組において，しばしば取られてきた。

5　視聴者に問いかけるローカルワイド・ニュース

　送り手であるメディアの側が，メディア利用者に向かって「わからないから，一緒に考えよう」と問題の解決策を問うという手法は，新聞より放送の方が向いているのではないだろうか。もちろん「ビリオメディア」が新聞界で話題となったことの最大の要因は，SNSを取材に使ったということではあったが，「記者がわからないので，読者に聞く」という手法そのものが，新聞界にとっては斬新であった。
　しかし，放送界を眺めてみると，この手法を使って視聴者とともに社会の問題を考え，また，その解決策を検討，検証しようとする放送番組は，過去にいくつも見ることができる。そのようなキャッチボールの場となりやすいのが，ローカル・ニュースワイド番組である。
　1991年10月に札幌テレビが放送を開始した「どさんこワイド」（現「どさんこワイド179」は，その後，全国に広がる夕方のニュースワイド番組の先駆

けとなったが，その魅力は，毎日，地域の生活情報，社会情報を生放送で提供することにある。そこでは，生中継を織り込み，視聴者を出演させている。視聴者を巻き込んだ番組構成がなされている。

　この番組が登場した当初，口の悪い評論家は「ニュースワイド番組が登場したと言っても，地元の飲食店などが紹介されるばかり」と，揶揄するコメントを出している。いわゆる「パブリシティもの」が出てくる番組は"ニュース番組"と言えるのか。ニュース枠の水増しではないかという批判であった。しかし，この番組が平日の午後に帯であることによって柔軟な構成が可能となり，地元の突発的な事件，事故，災害ニュースなどに迅速な対応が可能となった。そのようなこともあって，その後，地元の生活者に密着した番組作りは定着し，多くの視聴者の支持を集めるようになっていく。

　そんななかで，「どさんこワイド」に一通の手紙が届く。それは，准看護師がその養成課程で，住み込みで病院に勤務しながら学校に通うケースが多く，その際，病院から奨学金を貸し付けられ，卒業後も2〜3年の勤務が強制される慣習があることを告発するものであった。この内容をもとに独自に取材を進める一方で，「どさんこワイド」でとりあげると，この准看護師制度に関し，その実状を訴えるさまざまな情報が，視聴者から番組に寄せられ，それらの情報をもとに，4年にわたっての番組キャンペーンとなった。結局，このキャンペーンがきっかけで，国は制度改革に乗り出すことになる。この「どさんこワイド」のキャンペーン活動をまとめたドキュメンタリー「天使の矛盾」は，1997年の第45回日本民間放送連盟賞報道番組最優秀賞を受賞している。

　「どさんこワイド」では，視聴者とのキャッチボールがきっかけとなって，社会問題を顕在化させる手法，継続的に番組で取り上げながらも，視聴者とともに問題解決のあり方を問うていく手法が，その後も受け継がれていく。札幌テレビが，2011年の第48回ギャラクシー賞報道活動部門で大賞を受賞した「がん患者，お金との闘い」は，この「どさんこワイド」に，がん患者とその家族が，医療費負担によって苦しい生活を余儀なくされている実状を訴えたことから始まった取材である。この取材を行った札幌テレビ報道部は，この問題を継

続的に報道。国の医療制度を動かすきっかけとなった[2]。

　視聴者とのキャッチボールによって問題を発見し，放送を通じて，その問題を顕在化させ，そして，継続的に取り上げていくことによって行政を動かすなど，解決に向けたムーブメント作るという手法は，視聴者との距離感が近いからこそできるローカルメディアならではのものであろう。もちろん，このようなアプローチは，札幌テレビの「どさんこワイド」に限らず，ローカル放送のニュース番組やローカルワイド番組などで，いくつも見ることができる。

　先にあげた NPO 法人放送批評懇談会が主催するギャラクシー賞の報道活動部門は，キャンペーンや調査報道など，番組枠を越えて取り組んだ優れた報道活動や，スクープなど単体の完結した番組とならずとも，社会性，時代性のある優れた報道活動など，1つの番組にならずとも，放送を通じて行われた優れた報道活動を顕彰する賞である。2003年に設立されたこの報道活動部門賞の歴代の受賞を見てみると，視聴者とのキャッチボールのなかで，地域の問題を発見，顕在化させた事例は多いことがわかる[3]。

　現在，「ニュース 23」(TBS) や「ニュース・ウェブ」(NHK) など，全国向けの定時のニュース番組においても，Twitter など SNS を活用し，番組放送時間内に集まった視聴者からの書き込みを積極的に番組内で紹介する事例は，増える傾向にある。特に 2013 年 4 月より始まった NHK の「ニュース・ウェブ」は，Twitter による視聴者の意見を放送中に随時紹介。画面には，ツイート数がリアルタイムで表示される一方で，スタジオには，日替わりで，ネットナビゲーターという名称のコメンテーターが置かれ，単にニュース番組に，SNSを介した視聴者の意見を採り上げるというだけでなく，視聴者からの声により光を当てた番組構成となっている。この NHK の「ニュース・ウェブ」の前身の「ニュース・ウェブ 24」は，「インターネット時代の新しいニュース番組」として 2012 年 4 月よりスタートした。Twitter による視聴者の意見を番組内で紹介することを目玉にしての開始だった。

　このようにニュース番組で SNS を活用することで，番組内で視聴者からの声を紹介していくといった演出手法はますます活用されることになろう。問

題は，視聴者から書き込まれた「つぶやき」（＝コメント）を効率的に精査し，コンプライアンス的にも番組演出的にも，最良のタイミングで，画面で紹介することをどのように実現するかである。特に，ローカル局の場合，この作業に多くの制作スタッフを割くことはできない。そのことを考える上で，1つの事例を紹介することで，そのありようを考えるきっかけとしたい。

6　深夜討論番組とSNS

北海道をそのサービスエリアとするテレビ朝日系の北海道テレビは，近年，年に1度のペースで「北海道　朝まで生討論」という深夜の討論番組を放送している。テレビ朝日の名物討論番組「朝まで生テレビ」の北海道版である。2014年3月8日の深夜に2時間半にわたって放送した「北海道　朝まで生討論」は，「情報と秘密　特定秘密保護法と知る権利」をテーマに，スタジオで特定秘密保護法について議論を行っている。ただ，この番組では，単に討論番組をローカル局が自前で行うというだけではなく，クロスメディア展開の可能性を探るというミッションをも担っていたという。北海道テレビの制作スタッフは，生放送の間，Twitterで「つぶやき」を集めるととともに，その内容を，ニコニコ生放送，Ustream，YouTubeでも同時配信を行った[4]。

取り上げたテーマが，ホット・イシューだったこともあって，スタジオでの討論自体は，熱い議論の応酬が続いた。特に討論者である青山繁晴と堀江貴文のスタジオでの罵り合いの場面など，テレビ的な盛り上がりの場面では，Twitterによる「つぶやき」も急増した。これら，Twitter上に集まった「つぶやき」の処理は，まず2名の担当者が書き込まれた内容を目視により選択。放送上問題のない表現か，番組進行上適切かなどを，ここでチェック。そこでは，画面下に流れることを想定し，短めの書き込みが採用される傾向にある。それらの選択された書き込みは，最終的には副調整室のデスクが最終チェックの上，視聴者の「つぶやき」として，番組の画面下にスクロールすることになる。

北海道テレビでは，2011年1月に「激論どうなる北方領土　返還交渉の課題と行方」というテーマで，この「北海道　朝まで生討論」を放送しているが，その際は，メールで送信された視聴者からの意見をワード検出ソフトでスキャンし，放送上不適格と思われるワードが含まれる書き込みは，排除するという態勢を取っていた。しかし，検索ソフトのスキャンに時間がかかるため，スタジオ進行とモニター下に提示される視聴者からの書き込み内容にタイムラグが生ずることから，途中で，目視による選択に切り替えた経緯がある。そのことからしても，担当者の目視による対応が，最も効率的であると言えよう。

　いずれにしても，視聴者の反応を時間をおかずに番組内に取り込もうと考えたとき，SNSは有用なツールとなることは確かである。問題は，その管理をどのように行っていくかということになる。

7　現場の「つぶやき」をどう扱うか

　TwitterやFacebookなどSNSの登場・普及は，先に見たように，その利用者を含め，新たな取材，制作のためのツールとして注目されてきたし，番組との連動の可能性が模索され続けている。先に述べたとおり，報道機関としては，できるだけ多くの市民から，有力な情報，決定的瞬間の情報を提供してほしいと考えるのは当然といえよう。

　もちろん，会社側もSNSのメディアとしての威力は十分に認識しており，番組ごとにTwitterやFacebookのアドレスを開設したり，広報セクションの担当者によって，自社の番組やイベントの紹介をするケースは多い。特にSNSは，そのメディア特性において，一人称で「つぶやく」ことが読み手に親近感を与えることもあり，パブリシティ活動であっても，広報セクションの担当者が，一人称で身近な話題も織り交ぜながら「つぶやく」という手法が取られている。典型的なのが自社のアナウンサーによる「つぶやき」で，昨今の女子アナウンサー人気にあやかって，自社のアナウンサーが定期的に「つぶや

く」ことで番組やイベントの PR をするのは常套手段といえる。

　ただ，他方において，取材現場でのやりとりや，社内でのやりとりが，そのまま外部に流れてしまうことへの警戒感は強い。特に近年のプライバシー意識の高まりや，メディアへの風当たりが強まるなかで，情報管理が強く求められる傾向にある。もちろん，放送現場に関係するスタッフたちは，プライベートな場においても，その活動によって知り得た情報を外部に安易に提供することには，慎重にならざるを得ないのである。

　これらのメディアが一般化するなかで，記者やディレクターたちが，個人的な「つぶやき」をすることで，所属するメディア組織の活動や報道姿勢と異なる意見を明らかにしたり，ひいては，所属する組織を批判しているととらえられかねない見解が示されたり，また，結果的に，その報道活動の妨げになってしまうことにつながることを危惧する声は，早くから上がっていた。

　たとえば，記者たちの Twitter や Facebook に書き込んだ内容によって，それまでの取材過程をオープンにしてしまいかねず，次の取材をやりにくくしたり，また，水面下で取材に協力してくれた関係者を特定させるきっかけとなるなどの危惧である。また，一記者の個人的見解が，社の意見と混同されかねないといった懸念の声も多い。加えて，現場の記者たちの「つぶやき」がきっかけで，取材過程で知り得た取材対象者の個人情報が流出したり，取材のノウハウが競合他社に知られてしまうといった懸念もある。

　そのようなこともあって，多くの放送局で，社員や番組制作スタッフに対して，SNS の利用に関する規定や指針を設け，組織的な縛りをかけている。特に民放界においては，制作番組の量も放送局に出入りする外部スタッフの数も多い在京キー局で規定や指針が設けられ，それらを参考に系列各局が独自に規定や指針を策定するという経緯がある。ただ，SNS が浸透するにつれ，これらの規定や指針にも，変化のきざしが見受けられるようになってきたこともまた確かである。前述の北海道テレビでは，CSR の一環として，毎年，「地域メディア活動報告書」という形でレポートを発行しているが，その 2014 年 6 月発行の「ユメミル，チカラ応援レポート　地域メディア活動報告書」のコンプライ

アンス・放送倫理に関する活動について取り上げた報告のなかで，同社が掲げた「ソーシャルメディアに関する行動指針」について，興味深い記述がある。
その部分を引用しよう。

「2010年4月に会社業務としてSNS発信する際の基本ルールを定めました。2011年7月には，個人で発信する際のマナーとルールを加えて「ソーシャルメディアに関する行動指針」としました。2013年6月には，個人発信の場合に制限していた会社情報の掲載を認めました。個人のSNSでもメディア人としての高い自覚と責任を持って幅広く発信する風土を目指すものです。2014年3月には，指針が遵守されていることを内部監査で確認しています。」[5]

この記述からもわかるとおり，当初，スタッフのSNS利用に関しては，社内の行動指針において明記し，慎重に扱うよう規定していたものが，2013年6月には，「会社情報の掲載」を認めるなど，個々人の自覚を信頼するとともに，現場の判断を尊重するようになったことがわかる。SNSが社会に浸透する過程で，現場の自由裁量に任せ，むしろ積極的に活用することの方が，トータルとして社の発信力を高めることにつながると判断したと推察される。もちろん，この北海道テレビの判断の背景には，Twitter，FacebookといったSNSが，そのメディア特性として，放送に見られるようなサービス・エリアという障壁がないということも念頭に置いてなされたものであることも，容易に想像できるのである。

8 放送現場にとっての「公」と「私」とは

ところで，放送現場で働く制作者の自立と制作者の運営による新たな組織の可能性を掲げ，日本で最初の独立系制作会社であるテレビマンユニオンの創設に関わった村木良彦は，放送現場で働く者の「公」と「私」の関係にこだわり続けた。放送は言うまでもなく，公的な空間であり，その放送を事業として担う放送局は，公的存在である。他方において，放送現場の制作者や放送記者

は，個人のそれまでの経験とクリエイティビティーやジャーナリズム意識の上で，その活動を担うこととなる。

「公」と「私」は，しばしば対立の構図でとらえられがちな2つの概念だが，放送というサービスにおいては，公的な空間であるとともに，多様な私の存在を確認させる場でなくてはならないのではないかということを常に指摘していたのが，村木良彦であった。この村木の思想を受けて是枝裕和は，「テレビというものは，それぞれが『私』（パーソナル）に閉じるものではなく，パーソナルなものをパブリックなものに開いていく場」だと述べ，続けて，「『私』（パーソナル）に許される表現と，パブリックの空間に許される表現とは，違うレベルがあると思っている。そこにはルールが必要で，どんなものでも許されるのというのとは少し違う」と解説する。[6)]

ここまで見てきたように，SNSというメディアは，放送現場の人々にとっても，テレビの視聴者にとっても，村木が問題にし続けてきた放送における「公」と「私」の接合を促進する役割を果たしうる可能性を持っているのではなかろうか。

9 SNSとポータルとしての放送メディアの可能性

先に紹介した指針内容の緩和化は，北海道テレビの事例ではあるが，同じような規定の修正は，他の報道機関でも散見することができるようだ。放送局に関していえば，キー局，準キー局よりもローカル局の方が，現場のSNSによる発信に対して，より寛容さを増す方向に動いているようだ。それは先見性のあるローカル放送局においては，報道活動のみならず，放送局が提供するさまざまな番組，イベントなどの事業において，視聴者の参加を促し，放送局と視聴者を結びつける有力な装置としてSNSが機能する可能性を持つことを強く認識してきたからではなかろうか。

もちろん，多メディア・多チャンネル化がより一層進展しつつあるいまのメ

ディア環境において，放送事業者はそのプレゼンスの維持，向上が重要な命題となっていることは言うまでもない。特にローカル放送局においては，そのエリアのなかで，どれだけ地域の生活者に身近な存在として認識してもらえるか，どれだけ頼りになるメディアとして位置づけてもらえるかが肝要となっている。

　言い換えれば，ローカル放送局にとって，SNSの活用が，地域の生活者に放送事業，地域活動への関心を参加を促し，また，ローカル局における地域でのロイヤリティを高めるきっかけとして機能する可能性を含んでいることに，注目が集まり始めている。

　とは言っても，その積極的な展開はこれからであろう。

　SNSのローカル番組での活用は，先に述べたような番組用のTwitter，Facebookの立ち上げに見られるように，すでに多くの局でなされているが，より多面的な展開は，これからともいえる。放送局がポータルとなって，地域で起こった問題を視聴者（＝生活者）とともに考え，その解決の方策を探ることが，さまざまなところで顕在化するようになれば，ローカル放送局の社会的機能を再確認することにもなろう。ローカル放送局における地域密着型ジャーナリズムでのSNSの新たな活用が，期待されるところである。

（音　好宏）

◆注◆

1）仲村和代記者の上智大学での「ビリオメディア」に関する講義（2013年10月）より。
2）札幌テレビ放送取材班（2010）『がん患者　お金との闘い』より。
3）ギャラクシー賞報道活動部門歴代受賞作品は，http://www.houkon.jp/galaxy/kako.html 参照。
4）ニコニコ生放送，Ustreamでは，権利上クリアされている部分のみ，同時配信。それ以外は静止画が流れる。
5）北海道テレビ放送CSR広報室『ユメミル，チカラ応援レポート2014』p.27より。http://www.htb.co.jp/htb/shisei/pdf/report2014.pdf 参照。
6）今野勉，音好宏，境真理子，是枝裕和（2010）『それでもテレビは終わらない』参照。

第9章
グーグルグラスはニュースを変えるか
～見えてきた「日本的ジャーナリズム」の課題～

1 はじめに

　ウェアラブル・コンピュータの開発が花盛りだ。その中でも，グーグルグラス（Google Glass）のようなメガネ型のデバイスが注目を集めている。このような機器は，主にユーザーが映像などのコンテンツをどのように「消費するのか」という文脈で語られることが多いが，「制作する」側にも変化の波は確実に押し寄せている。ニュース取材の現場では，すでにスマートフォン（スマホ）による現場からの記者中継レポートは常識になっている。画質もかなり良くなっている。取材する記者やカメラマンの機動性を高め，ニュースの質を高めるためには，ウェアラブル・デバイスの導入は必然のように思える。

　しかし，放送局の態度は驚くほど消極的だ。被災地で使用したりすると反感を買ってしまう恐れだってあると心配する報道局の幹部の声も聞かれた。「撮影していることを周囲の人に気づかれない」という特徴は，プライバシーや肖像権の侵害の恐れもおおいにあり，使い方のルールを定め，世の中に認識してもらうことは今後の大きな課題だ。しかし，それでも上手に使えば情報収集の効率も，得られる映像の質も格段にアップする可能性は大きい。マルチメディア・ジャーナリズムの時代に，これをうまく取り入れていく方法はないものだろうか。

本稿では，グーグルグラスをはじめとしたウェアラブル・デバイスが映像ジャーナリズムにもたらす可能性とは何かを具体的に検討し，導入の障害となっている「日本的ジャーナリズム」の構造的な問題を克服するには，何から始めればいいのか考えてみたい。

2　ニュース取材が変わる予感

2-1　「両手が空く」というアドバンテージ

　この原稿を書いている2014年3月現在，グーグルグラスは一般発売されておらず，アプリケーションのデベロッパーら向けにプロトタイプが1500ドルで有償配布されただけの段階である。グーグルグラスはGoogle Xという自動運転の車などを開発するプロジェクトの一環として開発が進められているもので，メガネのフレームと右目上部に小さな消しゴムほどの本体がある。ディスプレイはメガネの視界の右上に表示される。

　カメラなどの操作は右耳の前部あたりのフレームに内蔵されているタッチパットを操作したり，あるいは声を使って「OK Glass, take a picture.（さあ，写真を撮ってちょうだい）」という風に行う。グーグルグラスのサイトには，この軽量で，ハンズフリーを可能にしたスマホ並みの機能を持つデバイスが，日常のシーンでどのように使えるか，さまざまな提案がなされている[1]。ニュースの現場では幅広い応用ができそうだ。たとえば，歩きながら天気予報やニュースを見ることができたり，カーナビをのぞき込むことなくルートを知ることができるといった機能は，記者が取材中に上司からわざわざ携帯電話で呼ばれなくても，素早く指示を受けたり，重要な情報を素早く共有したりすることを可能にする。インタビューの途中でも，相手とアイコンタクトを取りながら，最新の情報を参照して質問を繰り出したり，生中継で出演しているレポーターが，メモをめくったり，紙片をバサバサといじり回すことなく，自然に最新の情報を伝えることもできるようになるだろう。

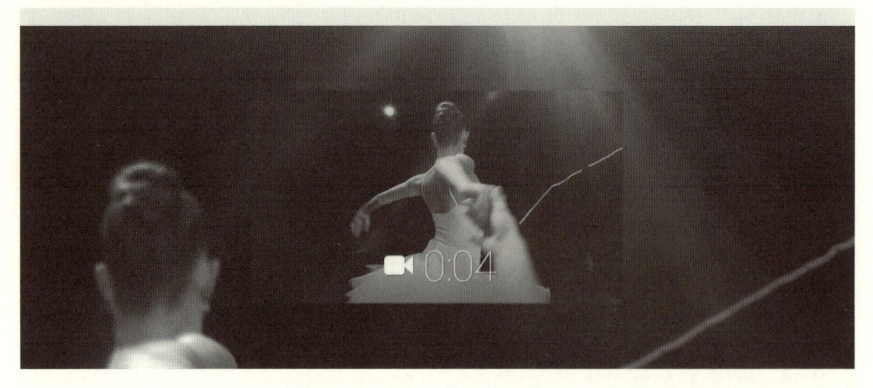

Record what you see. Hands-free.

視線を向けるように撮影することができる（グーグルグラスの HP より）

　しかし，報道にとっての最大のメリットはやはり，写真や動画の撮影を素早く始められるという機能だろう。スマホやカメラはコンパクトになったとはいえ，それなりにかさばるし，撮影するには，カバンやポケットから取り出し，スイッチを入れるという「面倒くさい予備動作」が避けられない。決定的な瞬間を逃してしまう恐れが絶えずつきまとう。グーグルグラスはその点，いつもスタンバイの態勢をとることができる。それに，両手が空いているというのは，実は大きな利点だ。名刺交換などの作業も簡単にできるし，慣れてくれば，同時にメモを取ることもできるだろう[2]。

　すでに GoPro というヘルメットなどに据え付ける小型カメラは実用化されているが，かなり重量もあり，取材している人の見た目も含めて，街中の日常撮影には使えそうにない。グーグルグラスは撮影者が，取材相手に緊張感を与えることなく，自らの動きも制約されることなく撮影できるという意味で画期的といえるだろう。

▍2-2　はじまりは「普通の映像」だった

　2013 年夏，YouTube にアップされた，ある映像が話題を呼んだ。7 月 4 日の夕刻，ニュージャージー州の海岸，出店などが並ぶ繁華街に独立記念日で繰

り出した人たちを撮影したものだ。一見，何の変哲もない賑やかな人混みの中をぶらぶらと歩きながら撮影しただけのものだが，アップロードしてわずか1週間で，60万ビューを突破したほど世界中で注目を集めた[3]。これが世界で初めてグーグルグラスで撮影された「事件」の映像と言われている。グーグルグラスの有償配布が始まって，約3か月後のことだ。

撮影した人はクリス・バレットという広報コンサルタント，映画の制作もする人物のようだ。映像じたいはわずか4分30秒足らず，その間に小競り合いに遭遇し，2人が警察に連行されるもようが写っているだけだ。しかし，これが注目を集めたのは，グーグルグラスのニュース取材への応用について考えるきっかけを提供したからだ。バレットは，「この映像は，グーグルグラスが市民ジャーナリズムを根本的に変えてしまうという証拠になった」と，YouTube上のキャプション（説明文）に記している。また「私は事件が起きる前から撮影を始めていた。グーグルグラスに，24時間撮影できるハードディスクドライブ（HDD）とバッテリーがあれば，世界はこれまでと違ったものになる」とネットメディアにコメントしている[4]。

この映像に，プロのジャーナリストや専門家が反応した。たとえば，トムソン・ロイター（ロイター通信の親会社）のニュース部門の技術責任者クリストフ・ゲブレイは，自ら執筆しているテクノロジー関連のブログに，「誰にも知られず，このようなデバイスを身につけた人たちが（報道機関と関係なくても），何か素晴らしいものに遭遇して映像に収めるような時代が急速に近づいてきた」と記している[5]。

しかし，この映像は可能性と同時に，グーグルグラスでの撮影の限界も示した。人間がふだん道を歩くのと同じような感覚で首を動かし，きょろきょろと視線を移動させると，映像は揺れて，非常に落ち着きのないものになってしまう。一般的に，映像を初めて目にする人に，その内容を理解してもらうためには，少なくとも5～7秒程度は静止させるよう，「FIX（フィックス：画面のフレームを動かしたり，あるいは拡大したり縮小したりする技法を一切使わない）」で撮影する必要がある。

しかし，バレットは現場となったビーチリゾートで，遊びに来た一般の人として，ぶらぶらと歩きながら撮影を試みているため，映像はあちこちに揺れ，動いて落ち着かない。特定のものに画面が静止するのも1～2秒しかなく，たとえば，訪れた店で何を売っているのかなど，映像が本来伝えるべき情報を把握するのさえ難しい。肝心の小競り合いをした2人を警官が取り押さえて連行していく映像も同様で，2人の顔などがよくわからない。もし，通常の報道カメラのように顔や表情をきちんと伝える映像を撮りたければ，野次馬などでごった返す人混みで立ち止まり，逮捕された人物を見つめ続けなければならない。それはグーグルグラスを装着していることを考えれば，おおぜいの人々がうろうろしている現場で，中腰やしゃがんだままで静止して，容疑者を凝視し続けるという，かなり不自然な態勢での撮影を余儀なくされるということで，けっこう大変だ。グーグルグラスの可能性についてヒアリングをした，キー局の報道カメラパーソンを統括する責任者のひとりは，「グーグルグラスは確かに機動性には優れているのだが，長年カメラの仕事をしてきた立場から言うと，視線とは違う高さでカメラを構えたり，目は別のものを追っていて，カメラは別の方向を撮影していたりという状況の方が圧倒的に多い。活用はあまり前向きに考えられない」と印象を語っている。

　グーグルグラスが効果を発揮する場面は，ある程度限定されるのかもしれない。拘束された容疑者の表情を詳しく撮るとか，交通事故の現場を押さえるなどの場合には，従来のような手持ちのカメラでの撮影の方が無理なくできるかもしれない。また，テレビのニュースで使われるインタビューの映像は，いわゆる「カメラ目線」ではなく，記者らと目を合わせて話をしているものを，カメラが横から撮影するという形をとっている。グーグルグラスだと，撮影するカメラの向きがインタビュアーと同じになるので，必然的にカメラ目線になり，視聴者に「生理的な違和感」が発生してしまう恐れもある。

　でも，発想を変えてみよう。容疑者逮捕の現場で中腰・凝視の姿勢をとりながら撮影していたとしても，各社が競ってやり始めれば，それが「常識」に変わっていく。何よりカメラバッグなどを持ち運ぶ必要がないという抜群の機動

性は,「発生モノ」と呼ばれる事件,事故の初動取材では圧倒的に有利である。現場にいち早く到着し,目撃者や当事者のコメントを撮る際に,カメラ目線などの配慮は,もはや意味をなさないかもしれない。スキャンダルの渦中にある注目の政治家などを発見し,食い下がって質問を繰り出す際などにも,撮影の条件がかなり悪いことが予想され,グーグルグラスをうまく活用すれば効果的な取材ができるかもしれない。

　話を独立記念日のニュージャージー州に戻すと,撮影したバレットも前述のゲブレイも,グーグルグラスの持つ,別の画期的な特徴として,「撮られた人たちが何も気づいていない」ことを挙げている。プライバシーや肖像権の問題は,後でまとめて議論することにして,このようなデバイスが,ニュース取材でどのような威力を発揮していく可能性があるのか,具体的な場面を想定して考えていこう。

2-3 「見た目」がそのまま映像に

　別の事例を見てみよう。グーグルグラスで撮影したものではないが,ウェアラブル・デバイスを使ってニュース取材する作業を考えていく上で,大きなヒントになり得る。ビデオジャーナリストの神保哲生が,東日本大震災で津波に襲われた福島県南相馬市付近の集落に2011年3月12日,津波が引いた翌朝早くに入り,ハンディカムを構えて歩き回り,周囲の状況を説明していくものだ[6]。実物はYouTubeで確認していただくとして,どのような雰囲気なのか,冒頭の1分30秒ほどのコメントからイメージしてもらいたい。

　　えー,今ぼくは,ちょうど津波が通過したルートを,そのまんま,津波が
　　壊していった家を踏んづけるようにして,ちょうど歩いているところです。
　　ま,このような,要するにガレキですね。ガレキが延々と続きます。こう
　　やって車が,流された車が,宙に浮いたような状態になっているところが,
　　けっこうあります。それから,このようにですね,電信柱が,おそらくこ
　　れも水の勢いだと思うんですけれど,このように折れ曲がって,見えてい

神保レポートの一場面（videonews.com 提供）

るのは電信柱の鉄骨ですね。だから，こうやって電線が露出している状態です。今は，電気が，停電していると思うので，ただちに危ない状態ではないと思いますが，このように電信柱を，コンクリを，このように曲げてしまうほどの勢いがあったということがうかがえます。もちろん，これだけの家をですね，全部，壊滅状態にするだけの力もあったわけなので，柱が曲がるくらいは驚くに値しないのかもしれませんが……

　テレビ各社はまだヘリコプターからの映像を放送していた段階だ。余震や再び津波に襲われる恐れもあり，被災現場入りを報道各社がためらっていた時だ。彼は地震が発生した直後，いち早く車で東北に向かい，一晩かけてたどり着いた南相馬市付近で，このレポートを収録した。現地で1時間足らずカメラを回して急いで東京に戻り，当日夜にレポートの映像をネットにアップした。
　彼のレポートは津波が通り過ぎたルートに沿って，海岸に向かって歩きながら実況しているものだ。一帯はガレキの山で，足場はかなり悪く，飛び出したクギなどを踏み抜く恐れもあるなど危険性が高い。また，倒壊した家屋の下に

は，犠牲者や生存者がいる可能性もあり，かなり注意して歩かなければならない。そのような非常時には装備はなるべく軽い方がいいし，映像以外にも収集できる情報は何でも記録することが必要だ。彼が使ったのは市販のハンディカムと同じサイズのものだが，軽量とはいえ，撮影と同時にメモを取るなどの作業は，カメラを保持していては無理だ。グーグルグラスの方が自由度が圧倒的に高いのが実感できるだろう。

東日本大震災発生直後の被災地取材は，水や食糧，防寒のための衣料やカメラの電池など，重装備を抱えた「サバイバル取材」ともいうべきものだった。大荷物を持って現場に赴くのであれば，撮影デバイスはコンパクトででないと，行動が制約を受けてしまう。

神保哲生は「ジャーナリズムの倫理が成熟していることが前提だが，カメラは小さければ小さいほど取材は効率的にできるし，映像の効果が上がるのは間違いない」と語る。今後起きる可能性のある，首都圏直下や南海地震などの際にも，同じような状況が発生するはずで，そのような事態に備えて，使い勝手のよいデバイスやインターフェースの開発にテレビ業界が積極的に加わり，一方で，そのような機材を使いこなす人材育成を進めるのが不可欠ではないだろうか。

2-4 被写体との親密さを生かす

いささか感覚的な議論となるが，取材相手が，撮影されている緊張感を感じない，自然な状態でインタビューに答えたり，ふだんどおりにふるまうことができるという特徴はグーグルグラスの大きな武器だ。これは1990年代の中頃，ビデオジャーナリズムという，取材，撮影，編集，ナレーションまですべて一人で行い，編集責任を明らかにするというメソッドが出現した当時の議論と似ている。テレビニュースの世界で依然主流なのは，重さ10キロ前後のスポーツバッグ大のENGカメラだが，はるかに小さいハンディカムを使う。そうすれば相手は，視線の先に直径10センチ以上のレンズを備えた大きなカメラが据えられ，カメラマンだけでなく，インタビュアーや，音声や照明担当者まで

何人もの視線が集中する中で撮影されるという緊張感から逃れることができる。だからビデオジャーナリストのほうが，本音に迫る証言を得られるという考え方である。グーグルグラスはハンディカムよりさらに小さく，インタビュアーはカメラの操作などのために視線をそらせることもない。取材相手との「親密度効果」は，さらにアップすることだろう。

　米国では，グーグルグラスを使って撮影した「2×1（Two by One）」というドキュメンタリー映画が静かな注目を浴びている。ニューヨーク市郊外ブルックリン地区にある，クラウンハイツという周囲10キロにも満たない小さな区画の物語だ。そこには，ユダヤ教敬虔主義の信者たちとカリブ海西インド諸島からの移民の集団という，全く文化の異なる2つのコミュニティが共存している。映画は彼らの暮らしぶりを淡々とスケッチしたものだ[7]。そこに住む10代のユダヤ系住民メンディ・セルドヴィッツの働きかけにより，監督のハンナ・ルードマンが中心になって制作した。1991年，子供の交通事故をきっかけに住民の衝突が起きて，3日間にわたって暴動が続いた。表向き傷は癒えたように見えるが，双方の住民グループの間に微妙な緊張感が残っているとい

映画「2×1」の一場面。ユダヤ人のコミュニティのようす。（"Project 2×1" 提供）

う歴史的背景を持った場所だ。

　上記の2人を中心とした撮影者は，通常のカメラと併用して，自らグーグルグラスを身につけ，身内の住民しか訪れないヘアーサロンや集会，お祭りなどを，内輪のひとりとしての目線で淡々と映像に収めていった。グーグルグラスの親密性を利用した撮影で，「近くて遠い」隣人の暮らしぶりを明らかにし，相互理解を図る演出の手法は多数のメディアが取り上げ，ニュースや映画のツールとしてのグーグルグラスが活発に議論されるようになった。

　監督のルードマンは，グーグルグラスを使った新しい撮影方法を「他人の眼を通して人々の生活を切り取るという親密感の実験」であると述べている。グーグルグラスがなければ，ユダヤ教のシナゴーグに入って，信者の目線で礼拝の様子や，司祭の説教を撮ることはできなかったと，成果を強調している[8]。

　実際に使用してみると，バッテリーの持続時間がスマートフォンの3分の1程度とあまりに短く，充電している間に撮り逃しが発生するなどハードウェア上の課題も明らかになってはいるものの，ニュースやドキュメンタリーの世界で，ひとつの手法として確立されていく予感は大いにある。

　現在の日本のテレビニュースでは，どのような使い方が考えられるだろうか。たとえば，政治家や文化人などの密着取材では，カメラが物理的に本人や関係者に意識されることが少なく，操作の負担も軽くなるので，これまで以上に自然な形で取材することが可能になりそうだ。あるいは，昨今のニュースショー化されている番組の演出では，アンカーパーソンやフィールドレポーターの個性を売りにして，個人的なものの見方や語り口を強調するものも数多く見られる。東日本大震災の関係者の証言に基づいて，被災者の避難経路をたどる回想レポート，太平洋戦争時の戦いを記憶する老人のインタビューをもとに，戦地を巡る体験レポートなどでは，現場の映像が当事者の気持ちを代弁したり，視聴者が同じような体験をすることを可能にし，感情のこもった，迫力ある番組づくりが大いに期待できるのではないか。

　また，たとえば80歳にしてエベレスト登山に挑戦した三浦雄一郎さんに装着してもらえば，8000メートル級の山頂付近の眺望という，普通の人は見る

こともないような景色を見られるだけでなく，過酷な山頂アタックの最中に彼自身が何を見，何をつぶやいていたのかという，視聴者の追体験，感情移入を可能にするという効果も得られるなどのアイディアも出てくる。

▎2-5　プライバシー保護が最大の課題

　グーグルグラスを使った社会実験が進み，写真や動画がネット上で共有されるにつれて，さまざまな不安要素も明らかになってきた。取材とは別の日常生活のレベルでは，視界の一部に別の情報が絶えずディスプレイされていることによって注意力が低下する恐れや（ウェストバージニア州など5つの州ではグーグルグラスを使用しての自動車の運転を違法とする法案を検討する動きがある[9]），話題にのぼった事柄をすぐにグーグルグラスで検索し，勝手に結論を出して会話をさえぎり，場をしらけさせたりして人間関係を悪化させる恐れなどが指摘されている[10]。ニュース取材にとって最大の障害となっているのは，プライバシーや肖像権の侵害の恐れだ。それは「撮影されていることが相手に気づかれない」という特性から来ている。

　グーグルグラスが有償配布されるようになった直後から，警戒する動きはあった。2013年3月に，西海岸シアトルのバー「ファイブ・ポイント・カフェ」は「グーグルグラスを着けた客はお断り」を宣言した。オーナーは半ば話題づくりだとしながらも，もう半分は真面目で「プライベートな空間だと思って訪れる客が，望まないのに撮影されてしまうのを避けるため」だと，プライバシー侵害の恐れを指摘していた[11]。

　前述のニュージャージー州の逮捕劇を撮影したクリス・バレットも「（現場の周辺にいた）99％の人は，私が何を身につけていたのか知らなかっただろう」と述べている。150年以上の歴史を誇る評論雑誌 *The Atlantic* のウェブサイトでは，「NSA（国家安全保障局）がビッグブラザー（ジョージ・オーウェルの小説『1984年』に登場する国民の生活をすべて監視している存在）なら，グーグルグラスは『リトル（小さな）ブラザー』だ」とする評論まで登場した[12]。

　このようなプライバシー関連の心配などを沈静化するため，Google側も躍

起になっているようだ。グーグルプラスというソーシャルメディアにポストされた「グーグルグラスに関する作り話トップ10」という投稿で，グーグルグラスは撮影スタンバイになるまで約10秒かかる設定で，バッテリーも限りがあるので，ずっと撮影し続けるようなものではないとか，監視のためならもっと優れたデバイスがあるとか，ケータイにカメラ機能が付いた当時も「プライバシーがなくなる」という批判はあったが，みんなYouTube上で上手にやっているではないか，グーグルグラスはスマホと変わりがないのだ，などと説得を試みている[13]。

　しかし，グーグルグラスを早期に提供されたデベロッパーらは，すでに自由な撮影を優先した，さまざまなアプリケーションを開発しており，中には，デフォルトの設定で「Take a picture！」のように言葉で指示しないと写真や動画が撮影できなかったものを，ウィンクひとつで操作できるようにするアプリも開発されている[14]。グーグルグラスのインターフェースだけでは，制御できない実態が明らかになってきたのである。写真や映像の撮影については，今後，何らかの「ゼネラル・ルール」が構築されていく必要があるだろう。

3　グーグルグラスを生かすために：日本のテレビジャーナリズムの課題

3-1　「社会実験」の積み重ねが必要

　「知らないうちに撮られているかもしれない」という危惧を払拭するためにはGoogle任せではいけない。ハードウェアの仕様についても，もしニュースで活用していくのなら，プロのジャーナリストも開発に口を出して，たとえばタリー（撮影中であることがひと目でわかる，ビデオカメラについている赤いランプ）の位置や大きさなどのアドバイスをしていくことが不可欠だろう。また，グーグルグラスを使う社会的な基盤づくりにも，ニュースメディアやジャーナリストが加わっていかなければ，ルール整備などはできないだろう。

日本のメディアもこのような動きにキャッチアップしていく必要があるはずだ。東日本大震災を経験し，今後も首都圏直下や南海トラフの大地震の備えを強化しなければならない中で，機動性の高い被災地取材や，被災者らに「寄り添う」ようなストーリーが求められており，グーグルグラスのようなツールの開発は強い味方になるのではないか。

　しかしながら，キー局各局の報道幹部に，グーグルグラスの導入などについてヒアリング調査を行ったところ，ほとんどが導入には慎重な姿勢であった。

　ある民放幹部は，撮影していることを周囲に広く周知するならば，グーグルグラスを装着している人にビブス（スポーツ取材の際，カメラマンが着るベストのようなもの。オレンジや黄色など目立つ色が多い）を着せるとか，あるいは「グーグルグラスで撮影中」というノボリや旗などを立てて，その周囲で撮影するなどしか方法がないのではないかと語った。そして，そのような撮影方法ではバラエティ番組くらいしか活用法は見つからないとして，ニュースでは当面は導入する必要性は感じないと語った。

　また，別の民放幹部は「所詮は『隠し撮り』のツールだ」として，メガネのフレームにピンホールカメラが仕込まれているものはすでに現場で実際に使われているので，グーグルグラスをわざわざ導入する必要性がどこにあるのかわからないと，否定的な見解であった。

　さらに，また別の民放幹部は，災害の被災地からの第一報や中継，あるいは台風などの被害について，各地からいち早く情報を集めなければならない際には有効なツールであることは認めるが，「『雑観』（見た目）の取材のみにしか使えないと思う」として，それだけではニュースに使われる映像の1割にも満たないので，グーグルグラスを無理に導入して，新たなルール作りなどの余計な仕事を増やさなくても，従来の機材で十分やっていけると，導入には時期尚早との考えを示した。また，アンカーやレポーターが身につけたグーグルグラスといっしょに一人語りをするようなリポートの演出についても，「私たちの局は，そこまで個人に裁量を与えないだろう」と，消極的な姿勢だった。

　そうなると，今後予想される展開は，むしろフリーランスのジャーナリスト

らが野心的にグーグルグラスを使い始め，その映像をテレビ局がもらい受けるようなことになる可能性が高くなる。長年にわたって，最先端で放送文化を創ってきたテレビ局には，業界をリードしてもらいたいところだが，「導入は社会に定着したのを見極めてから」という様子見の態度が大半で，社会実験に積極的に参加し，使い勝手を見極め，注文も出していくという積極的な姿勢は希薄であった。

しかし，このような前衛的なデバイスは，使いこなす技術としても，それを使用するルールなどの環境整備の面でも，「走りながら考える」プロセスに関与して，キャッチアップしていかなければ，いざという時に機材を手に入れても一朝一夕に使いこなすことはできないだろう。

▍3-2 いわゆる「日本的テレビジャーナリズム」の問題

ある民放幹部が，なぜ日本のメディアは前向きになれないのかを解説してくれた。そもそも，経費や人員配置がぎりぎりの中でやっているから，グーグルグラスのようなものの使い方などを，じっくり考える余裕はないとのことだ。また，そもそもグーグルグラスのような目新しいデバイスを，たとえば東日本大震災の被災地などで使用したら，「ふざけているのか」と強い反感を買ってしまう恐れがあり，うかつに手は出すことはできないと，その幹部は感じているという。

根本的な問題は，グーグルグラスの構造などではなく，グーグルグラスの定着を目指して試行錯誤を行うための前提となる視聴者の支持や期待という「社会的な基盤」ができていないことだ。確かに，ここ10年ほどの間に，世の中の写真や映像に対する警戒感はおどろくほど強くなっていて，放送局側が慎重になるのは理解できないわけではない。しかし，根本的に日本のテレビは，ニュースが視聴者の頼りになるために，会社として，あるいは業界全体として，説明を積み重ねてきたのだろうか。取材にあたる人たちの一人ひとりは，取材先や関係者，周りで見物していた人たちに「なるほど，こういう行動原則に基づいている人たちなら，今度また取材されても大丈夫だな」という仕組みを作

る努力をしてきただろうか。今までは，大きなENGカメラに局名のロゴが入っていれば，それだけで世間は納得した。しかし，今や，そうやって撮影された映像が，録画され，ウェブ上にシェアされて，検証され，批評され，時にネタにされて笑い飛ばされるような時代になった。人々の意識は変わり，「テレビの映像に何気なく映り込んだだけで，思いがけないところからトラブルが舞い込むかもしれない」と萎縮し，「こっちにカメラを向けないでほしい」という気分に変わってしまった。現場のカメラパーソンや記者らの「プロとしての良識」を何となく信頼する気持ちだけに依存して問題が解決する時代は終わった。放送業界の側が立ち上がり，社会から，どのような現場でも信用される仕組みを作っていく必要がある。

　テレビ局がしなければならないことは，大きく分けて2つある。1つは「ジャーナリズムの倫理」，自分の局がニュースの報道に際して，「何に価値を置き，記者の行動原理として，どのような目的を掲げるか」を，できるだけ具体的に明らかにすることと，もう1つは「人権，特にプライバシーや肖像権を尊重するために，どのような手順を取材の際に義務づけるか」という手続きを具体的な形で公表することだ。そして，2つの原則に従って取材を誠実に行い，改善しつつ実績を重ねることだ。

　民放各局はどの程度，規制の内容やチェック体制を具体的に定めた倫理規定や，映像取材の手順を定めた文書などを「公表している」のであろうか。筆者がキー局を中心にウェブサイトを調べた限りでは，テレビ東京が「報道倫理ガイドライン」で，報道の基本姿勢から客観的な報道などの原理原則，さらに世論調査の扱いや出演者の発言に対する責任の所在まで，まとまったものを公開している[15]が，他局は規定をほとんど公表していないか，公表していても「表現の自由を守る」とか，「〜はしない」など一般的な規範の表明にとどまっている。また，テレビ東京のものも，「インサイダー取引」を行わないことについての規定で，その定義などについて比較的詳しく定めている他には，具体的な手続きや判断の基準についての記述には乏しいと言わざるを得ない。キー局の報道局幹部にヒアリングをしたところ，5局すべてが，何らかの形で「報道

基準」や「記者ハンドブック」のような文書を作っていることは判明した。しかし，全局が公表するつもりはないという。ある局は「そのような（公表する）性格のものではない」と言った。

　公開はできなくても，内容がどこまで具体的な場面を想定して考えられているかを調査するために，現物を見せてほしいとの要請に，2社が応じてくれた。見せることはできないと回答してきた社の幹部の説明は「報道局の根幹に関わる重要な書類であり，外部にお見せすることを前提に作成されているものではない」とか，「社の内規でそうなっている」といったものであった。しかし，倫理規定などの基準は，自局がどのようなルールに基づいてニュースを伝えているのかを視聴者に理解してもらうために公開を前提に定めるべきものではないか。ジャーナリズムの理想と実践について，具体的な形で社会との対話の機会をつくり，中味を精緻に，説得力のあるものにしていくことが，自局やネットワーク全体の信頼性を高める道筋なのだという発想の転換が必要な時に来ている。

　前出のジャーナリスト神保哲生は「グーグルグラスは，撮影していることを感じさせないという意味では効果的でもあるが，非常に危険なデバイスだ。現状のテレビ局の規範だと，グーグルグラスを導入すれば，現場で撮影している人に，『無謀な振る舞い』を許す恐れが出てくるので『従来のENGカメラで十分』という枠にはめ，その無謀な振る舞いを押さえ込まなければならない」と解説する。「グーグルグラスはテレビジャーナリズムに新しい地平をもたらす可能性があるのに，むしろ『足かせ』になってしまっている。」

3-3　報道倫理などを公表する意味

　ジャーナリズムの原則の中で重要なもののひとつに「権力や党派からの独立」というものがある[16]。ニュースが正確で公平中立なものだと信頼されるためには，利益相反（Conflict of Interest）を避けて，誰からの影響も受けていないことを担保する必要がある。しかし，記事やニュースの原稿や画面には，その報道機関がいかにしてそれを達成したのかは，明らかにされていない。では，

読者や視聴者は，それをどのようにして確認するのだろう。

「ジャーナリストは株式を保有しない」というのは常識である。その株式を発行している企業の経営に関わる情報を，一般の人たちが知る前に，取材として優先的に知る可能性があるし，その株式の値動きをコントロールするために，記事やニュースに必要な情報を出さなかったり，あるいは偏った情報をことさら強調したりする恐れがあるからだ。「うちの記者は株をやっていません」と社会に信用してもらうには，「うちの社はこのようなルールを作っています」と内容を公表するしか，少なくとも論理的には他に方法はない。しかし，日本の全国紙やブロック紙，キー局などの中に取材倫理規定を公にしている社は，筆者の調べた限りでは1社も確認できなかった。

たとえば，米 New York Times 紙は，株式や投資信託などの金融商品について，「手がけている記事と関連がない限りにおいて」保有できると定めている。家族についての同様の規定もある。そして上司の求めがあれば，その投資の内容を報告し，新規の取材にあたり，利益相反がないか相談をしなければならないと明文化されており，ウェブサイトで公開されている[17]。ルールをなるべく具体的に公表することによって，「この社は，ここまで取材の手順を明らかにしているので，そこから出る記事は信用して大丈夫だな」と読者が納得するという社会的な装置を実践している。

日本のメディアには，そのような仕組みが存在しない。「メディアでニュースに携わる人たちは，社会的な影響力もあるし，良識をわきまえているはずだ」という視聴者の期待に辛うじて支えられてきたのが実態ではないか。しかし，その信頼が揺らぎ始めた現在，まずは「手の内を明かす」ことに踏み切らなくてはならないだろう。

■ 3-4 報道の「目的」を明らかにする

日本のテレビ業界が「盗撮のツールとして」ではなく，進化したニュース取材の武器としてグーグルグラスを使うことができるようになるために何が必要なのか。視聴者の支持を得るためにどこから始めればいいのか。「ジャーナリ

ズムの価値」を共有するために明確に説明していかなければならないことを検討してみたい。

　報道の目標や価値については，どのような課題があるのか。各局では独自の基準などはないようだが，日本民間放送連盟（民放連）には「報道指針」があるし，NHKにも「放送倫理の確立に向けて」という文書がウェブサイトで公開されている。民放連の報道指針では報道の目的を「民主主義社会の健全な発展のため，公共性，公益性の観点に立って事実と真実を伝えることを目指す」と規定している[18]。そして市民の「知る権利」に応えるために，「報道の自由」を委ねられていると宣言している。一方，NHKの文書でも「放送は，ジャーナリズムの一つとして，表現の自由のもとに，国民に多様な情報を提供するという民主主義にとって欠かせない役割を担っている」とミッションを定めて公開している[19]。そしてどちらの文章にも，人権の尊重や，公平・公正さの確保や，節度や品位を重んじることなどが規定されている。

　しかし，それだけでは具体性に欠け不十分だ。世界的に公共放送のモデルとして評価されているBBC（英国放送協会）のEditorial Guideline（編集ガイドライン）を見てみよう。第1章は「BBCの番組制作上の価値（The BBC's Editorial Values）」となっていて，日本の放送業界が定めたような，社会の信頼，真実と正確さ，不偏不党，プライバシーの尊重などが挙げられており，見かけ上は，ほぼ同じだ。

　しかし，大きな違いは，そのような真実や正確さを目指し，プライバシーを尊重して「何を実現するのか」について，BBCが明記していることだ。「公衆の関心に奉仕する（Serving the Public Interest）」という項目には，以下のように記されている。

　　私たちは視聴者にとって新しく，役に立つ話題を伝えることを目指している。その話題について真実を確立し，人々がその問題について深く理解できるように説明する作業を厳格に実行する。私たちの専門家の知見を活用して，私たちが生きている，この複雑な世界について，権威ある分析を提

供する。私たちは公職にある人たちや，他にも説明責任を負う人たちに対して，何を問いかけるべきかを探求し，公共の問題について，総合的な対話のフォーラムを提供する[20]。

　ニュースを伝える「目的」が，このように具体的に示されると，視聴者は「真実」や「知る権利」などの言葉を，単なる「お題目」としてではなく，より明確なイメージを伴って理解できるようになる。「BBCはこのような価値の実践のために，あえて強引にも見える取材手法でも踏み切ったのだ」などと後から説明することが可能になるからだ。BBCはさらに「公共の関心」に奉仕する情報の内容を，具体的に例示する。以下のように7項目の箇条書きになっている。

①犯罪を発見したり，明らかにしたりする。
②露骨な反社会的ふるまいを明らかにする。
③汚職や不正義を明らかにする。
④重要な役職にある人や組織の無能力さや怠慢を公表する。
⑤人々の健康や安全を守る。
⑥特定の個人や組織の発言や行動によって，人々がミスリードされるのを防止する。
⑦公共的に重要な問題について，人々が深く理解したり，あるいは何らかの決断を下すことに寄与する情報を公表する[21]。

　これらの項目に当てはまるとBBCが判断したときは，時にプライバシーの尊重なども制限され，とにかく広く，その情報を伝えることを優先すると宣言している。視聴者がニュースについて疑問を抱いたときも，このような指針を参照すれば，BBCが，その瞬間に何を優先させようとしたのかを理解することができる。
　日本のテレビ業界も，ニュース，報道がもたらす情報は，視聴者にどのような効果をもたらすのか，その情報を使って人々は何を実現することを目指して

いるのかを，もう少し具体的に説明することが，視聴者の信頼を回復し取材の環境を整備する第一歩である。この前提がない限り，テレビ局としてグーグルグラスを使いこなす取材が，世の中に受け入れられることはない。

3-5　具体的な手順も明らかに

　ジャーナリズムの目的や価値を明らかにした後は，どのように取材相手のプライバシーや肖像権を侵害するのを防ぐかという「手順」を，できるだけ具体的に公開し，実践を重ね修正していくことが求められる。

　倫理規定に「記者は株式を保有しない」とか「経済報道における利益相反に細心の注意を払う」など漠然とした内容を書き込むのでは不十分だ。それが単なる「努力目標」ではなく，その放送局で取材に従事するスタッフ全員が守っていることを信じてもらうために，どのような具体策を取っているのかを示す必要がある。たとえばBBCでは，経済関連のニュースを伝えるスタッフは，局員のみならずフリーランスでも，ある程度恒常的に番組に参加する人は残らず，自ら保有する金融商品や発生した配当や利息を，決まった用紙を使って上司に報告し，担当しているニュースに利益相反が生じていないことを確認してもらう必要があると定めている[22]。対象になる金融商品のリストもあり，その他にも企業の顧問契約など，避けるべき利害関係も厳密に列挙されている。

　映像の取材は現場の状況が千差万別であり，必要な映像も，ニュースの切り口や演出方法によって，まちまちなので，一般的なルール作りは非常に困難だ。しかし，それでも何らかのたたき台をつくり，実践しながら修正を重ね，精緻なものを作り上げていくという営みを社会に見せていかなければならない。そのためには，報道のベテラン記者らが少なくとも数人，日常のニュースを離れて取り組まなければ実現しない。人員配置や経営的判断を伴うという意味で，会社のマネージメント・レベルでの決定が必要だ。

　現状で筆者の持っている情報は限られているが，資料を見せてくれた2社の規定をみながら，いくつかの課題を指摘しておきたい。

　A社の倫理規定は2007年に制定された。東日本大震災などを経て，まもな

く改訂する予定とのことだ。映像取材については，人権やプライバシーの配慮などの一般論のほかに，「撮影上の注意」として1章が設けられている。その中には「良識を持った市民」として，「肖像権，プライバシーなど，人権を侵害するような行為は避ける」として，「『のぞき見』にあたるような撮影方法は避ける」，被害者の撮影で「報道による二次被害に配慮する」などのポイントが列挙されている。そのほかにも「無礼な印象を与えないように服装に配慮」とか，撮影現場周辺ですれ違う人らに「こんにちは，お騒がせしています」などと声がけをするよう促している。

しかし，それらの「してはいけないこと」や「配慮」を，いかに完全に実行するのかについては，具体的な記述に乏しく，実質的な判断は取材に出た個人に委ねられてしまっている。現場で具体的に「どんな手順をどこまで踏み，取材相手に何をどのように説明するのか」，「どのような手順で理解が得られたと判断し，取材を開始するのか」という基準や，必要なステップやチェックポイントが——不完全でも——示されていなければ，取材を受ける人は目の前のカメラパーソンや記者が，どのようなやり方で肖像権やプライバシーなどを守ってくれるのかわからず，安心できない。

このマニュアルに限らず，「判断に困ったときには上司に報告（あるいは相談）」というフレーズが何回も登場する。現場の記者やカメラパーソンの取材の方法をダブルチェック，トリプルチェックし，上司が現場の行動の裏書きをしてあげる仕組みは重要だ。内部文書を見せてくれなかった社の中にも，「とにかく上司に報告して，判断を仰ぐのが鉄則」と説明した所もあった。しかし，これは組織としてのリスクヘッジ，企業防衛上の必要から生じたものである。社会や取材相手を安心させる仕組みにはなり得ない。

もう1社，倫理規定の提供に協力してくれたB社は，報道取材や番組制作だけに特化して，社員だけでなく，社外スタッフも含めたニュース・情報番組に関わる人が全員参照できる「基本ルール」の冊子を作成していた。この中には，筆者が報道の記者やディレクターをしていた時には，「常識」として明文化されていなかったような項目も含め，手順が具体的に示されている。

たとえば冒頭には，取材の依頼の際には「社名，所属部署，番組の名前，氏名を名乗り，名刺を渡し，何の取材で，いつ頃，どんな形で放送する予定なのかを伝える」と記されている。そのほかにも「インタビュー，街録，電話取材，インターフォン越しのやりとり」などを列挙し，「同意を取れないものは，取材もオンエアもできないのが原則」と定めている。今まで報道に携わってきた人ならば「言わずもがな」のルールで，あえて明記してこなかったものだ。説明してくれた報道幹部は，「ジャーナリズムについて，基礎知識が必ずしも十分とは言えないフリーランスや制作会社の社員が，番組スタッフの大部分を担う現状を考えると，基本中の基本から記すことが必要であるという方針となった」と語った。あえて明文化することで「とりあえず撮っておくか」風の安易な取材も減る効果もあるだろう。そのまま公開されてもいいものだけに，この文書もあくまで「社内向け」だというのは，非常に残念なことだ。
　しかし，このわかりやすいマニュアルでも，具体的な手順については明確でないという課題は残る。「屋外での『スケッチ撮影』などに，本来は許可が必要」，「『公の場』で，個別に許可が取りにくい場合は『腕章』や番組名を記した『ビブス』で代用する場合もある（下線は筆者）」とは書かれているが，どういう場合に誰の判断で，腕章やビブスで済ませて良いかまで書かれていない。今後，社会と共有して育てていくマニュアルとしては，「取材相手の人たちが，どのように説明されれば，安心して協力ができるのか」という観点から，さらに具体的な方法を考案し明文化を試みることが不可欠になってくるだろう。

4　おわりに：テレビ業界が出遅れないために

　撮影していることが外部からわかりにくいという「さりげなさ」は，グーグルグラスの最大の武器でもあるが，被写体や視聴者の不安も増すという「両刃の剣」である。テレビ業界の多数が，このデバイスを「チャンス」として認識できず，むしろ「厄介ごと」だと感じているのは残念なことである。このよ

うな事態を招いたのは，テレビ業界が日常のニュースに追われ，忙しさの中でジャーナリズムとは何かを真摯に問うことや，スタッフ相互および視聴者との間の対話を十分に重ねてこられなかったという，ニュース制作の現場の構造的な問題が根底にあると筆者は考える。

このままでは，テレビ業界が用意をできずにいるうちにグーグルグラスが市場に出回り，フリーランスや一般の人が撮影した映像が，プロが撮ったものよりもニュース的な価値を持ってしまう可能性は十分にある。テレビ業界が映像の真偽や撮影の妥当性などについて，現在以上の明確な基準を整備しなければ，そのような映像はテレビのニュースに載ることなく，インターネットを通じて世の中に共有され，テレビのニュースの社会的責任に疑問符がつき，ブランド力が弱くなる恐れがある。

また，新聞記者も動画を撮影してウェブサイトにアップするようになった昨今，新聞がテレビよりも早くグーグルグラスの導入に踏み切るなどの事態もあり得る。しかし，「このままではテレビ業界は遅れをとってしまいますが？」との問いかけには，私が話を聞いた10人以上の人たちは，全員が「やむをえない」とか「私たちの局は，そういう人たちに先鞭をつけてもらって，だいじょうぶだと確認されてから使うので構わない」と返答した。

テレビ業界は半世紀以上にわたって，映像文化をリードしてきた。「プライドはどこに行った？」と精神論を唱えるつもりはない。しかし，グーグルグラスはまだ，発展途上のデバイスで不安も多い。長年のノウハウやアイディアの蓄積は，効果的な使い方を開発し，社会を巻き込んだルール作りのプロセスに，大いに貢献できるはずだ。ウェアラブル・デバイスの波は確実にやってくる。テレビ業界には，その足元を今，見直してもらいたい。

（奥村　信幸）

◆注◆
1）グーグルグラス公式サイト
　　http://www.google.com/glass/start/what-it-does/（2014年3月31日最終閲覧）
2）現状ではバッテリーの消耗が早く，スタンバイを長時間維持することは困難

で，映像のファイルを保存するストレージ確保も課題として残っているようだ。Alastair Reid, "Could Google Glass Change the Face of Journalism?", http://www.journalism.co.uk/news/could-google-glass-change-the-face-of-journalism-/s2/a555596/（2014年3月31日最終閲覧）

3）Google Glass – The First Fight & Arrest Caught on Glass – July 4, Wildwood, NJ Boardwalk, https://www.youtube.com/watch?v=4isOSntnpo8（2014年3月31日最終閲覧）

4）Cyrus Fariver, First Arrest Captured on Google Glass Points to a "Little Brother" Future, ars techinica, http://arstechnica.com/business/2013/07/first-arrest-captured-on-google-glass-points-to-a-little-brother-future/（2014年3月31日最終閲覧）

5）Christophe Gevrey, "First Arrest Captured by Google Glass Foreshadows "Everything Recorded" Future", Technology Watch, http://cri.ch/p1603（2014年3月31日最終閲覧）

6）「被災地現地速報―未曾有の津波が残した傷跡」（撮影／レポート：神保哲生 videonews.com）https://www.youtube.com/watch?v=jb99R_8-C4M

7）映画は2013年12月に完成。2014年3月現在日本での公開予定はない。この映画のプロジェクトの背景や予告編などの映像は以下で見ることができる。Project2X1 http://project2x1.com

8）Alastair Reid, "How Google Glass captured two very different communities", January 9, 2014 http://www.journalism.co.uk/news/how-google-glass-captured-two-very-different-communities/s2/a555544/（2014年3月31日最終閲覧）

9）Freeman Klopott and William Selway, "Driving Under Influence of Cat Video Leaves States Wary", Bloomberg, http://www.bloomberg.com/news/2014-02-26/google-glass-faces-driving-bans-as-states-move-to-bar-use.html（2014年3月31日最終閲覧）

10）"Glass"と"Asshole"（バカ野郎）を合わせた"Glasshole"という造語も作られている。「グーグルグラスを使うイヤなヤツ」というわけだ。https://www.youtube.com/watch?v=FlfZ9FNC99k（2014年3月31日最終閲覧）

11）Nina Golgowski, "Seattle dive bar becomes first to ban Google Glasses over privacy fears", Daily Mail Online, http://www.dailymail.co.uk/news/article-2290978/5-Point-Cafe-Seattle-dive-bar-ban-Google-Glass-citing-privacy-concerns.html（2014年3月31日最終閲覧）

12）Connor Simpson, "What the First Arrest Captured on Google Glass Really Means", The Wire, http://www.thewire.com/technology/2013/07/what-first-arrest-captured-google-glass-really-means/66901/（2014年3月31日最終閲覧）

13）"The Top 10 Google Glass Myths"（Shared publicly – March 21, 2014）https://

plus.google.com/+GoogleGlass/posts/axcPPGjVFrb（2014 年 3 月 31 日最終閲覧）
14) Lance Ulanoff, "Google Glass : I am Not Winking at You, Just Taking Your Picture", Mashable（December 18, 2013）, http://mashable.com/2013/12/18/google-glass-wink-photo-hands-on/（2014 年 3 月 31 日最終閲覧）
15) http://www.tv-tokyo.co.jp/main/yoriyoi/rinri.html#guideline
16) Bill Kovach & Tom Rosenstiel（2007）"The Elements of Journalism – What Newspeople Should Know and the Public Should Expect（Completely Updated and Revised）", Three Rivers Press, pp.113-138
17) *The New York Times*, "Ethical Journalism : A Handbook of Values and Practices for the News and Editorial Departments", September 2004, http://www.nytco.com/wp-content/uploads/NYT_Ethical_Journalism_0904-1.pdf pp.35-37（2014 年 3 月 31 日最終閲覧）
18) 日本民間放送連盟「報道指針」（1997 年 6 月 19 日制定 2003 年 2 月 20 日追加）http://www.j-ba.or.jp/category/broadcasting/jba101035（2014 年 3 月 31 日最終閲覧）
19) NHK 放送現場の倫理に関する委員会「放送倫理の確立に向けて」1999 年 4 月 19 日　http://www9.nhk.or.jp/pr/keiei/rinri/rinri.htm（2014 年 3 月 31 日最終閲覧）
20) "Section 1 : The BBC's Editorial Values", BBC Editorial Guidelines, http://www.bbc.co.uk/editorialguidelines/ p.2（2014 年 3 月 31 日最終閲覧）
21) "Section 7 : Privacy", ibid, http://www.bbc.co.uk/editorialguidelines/page/guidelines-privacy-introduction/ p.2（2014 年 3 月 31 日最終閲覧）
22) "Financial Journalism : Guidelines in Full", Editorial Guidelines, BBC Website,http://www.bbc.co.uk/guidelines/editorialguidelines/page/guidance-financial-full#declaring-interests（2014 年 3 月 31 日最終閲覧）

第4部

メディア環境変化と電波法制の課題

第10章

電波法制をめぐる諸問題
～周波数オークション，電波利用料制度を中心に～

1 はじめに

　電波法4条は，「無線局を開設しようとする者は，総務大臣の免許を受けなければならない」と定め[1)]，同法100条は「10kHz以上の高周波電流を通ずる通信設備等は，総務大臣の許可を受けなければならない」と定めて，国が電波資源の監理を行うことの必要性を謳っている。これは，電波は国民共有の有限稀少なボトルネック資源であり[2)]，国民全体のために活用されるべきものであって，電波を効果的・効率的に利活用するかは，すぐれて公共的性質を伴うからである[3)]。現在，電波利用の課題として次の2点が論点になっている[4)]。
　第1に，電波を取り巻く環境の変化の激しさである。これはまず，サービスの多様化・高度化（スマートフォン，デジタル家電，M2M〔Machine to Machine〕等の利用拡大）であり，次に，それに伴うトラヒック量の激増[5)]がある。さらに，実証実験が開始されているホワイトスペースの利活用の進展がある。地域BWAの活性化や，ホワイトスペースなどの新たな電波資源の利活用を推進していくことにより，地域振興や新規サービスの創出が期待されている。
　第2の論点は，電波利用の成長・発展の方向性，すなわち，2015年から2020年に向けて電波利用はどの分野でどのような成長・発展が考えられるかについてである。すなわち，まず，移動通信システムの更なる高速・大容量化

（LTE）が期待され，それに伴いワイヤレスブロードバンド環境の拡充（ルーラルエリア，家庭内等での利用）が見込まれている。また，センサーネットワークの実現により ITS（Intelligent Transport Systems：高度道路交通システム）やスマートメーターなどの新たな利用形態による電波利用は，利用者の利便性だけでなく，安心・安全といった社会生活の基盤構築に対する電波の利用として期待されてもいる。さらには，放送のデジタル化の進展（スーパーハイビジョン，エリアワンセグ，中継システムの高度化等）についても同様である。しかし，現実のところ，移動通信システムの更なる高速・大容量化は，スマートフォンの普及に伴うトラヒックの激増には対処しきれていない。最近のトラヒックの伸びは，スマートフォンの影響が大きく，そうであるならば，この伸びは，今後更に拡大していく可能性が高い。このように，携帯電話市場におけるデータトラヒックのさらなる増加にかんがみると，電波の需要は今後ますます高まり，その希少性はいっそう増していくと予想される。それだけに，周波数オークション制度に注目が集まっている。周波数オークション制度とは，電波の特定の周波数に係る免許人の選定に関し，競売を実施し，最高価格を入札した者を有資格者とする制度である[6]。周波数オークション制度は，ほとんどの OECD 加盟国が導入しており，世界的にみて周波数割り当ての主流方式となっている。また，従来，周波数の割り当て方式として総務省において採られてきた「比較審査方式」すなわち，複数の申請者がいる場合，免許人としての優劣を比較して，免許を付与する方式では，割り当てにあたって行政裁量の余地が大きく，免許付与手続きの透明性の点で問題があると指摘されていた。そこで，電波の有効利用の推進及び無線局免許手続きの透明性・迅速性の確保を目的とする周波数オークションが脚光を浴びたのである。

　このような見地から，総務省では，「周波数オークションに関する懇談会」（以下「懇談会」という。）が，2011 年 3 月 2 日に設置された。この懇談会は，「『光の道』構想に関する基本方針」[7]に基づき，設置されたものである[8]。懇談会は計 15 回の会合を重ね，海外状況の調査や 4 度にわたるパブリックコメントのほか，25 の事業者・有識者からヒアリングを実施し，わが国での周波数オー

クション制度導入に向けた課題等について検討を進めてきた。その検討の結果として，わが国でも周波数オークションの導入を目指すべきことが提言された。これを踏まえて，「電波法の一部を改正する法律案」（〔内閣提出，第180回国会閣法第61号〕。以下，「電波法改正(法)案」という。）が2012年3月9日に第180回国会（常会）提出された[9]。なお，周波数オークションに関する法律案は2013年及び2014年にも提出されているが，いずれも衆議院において否決されている。

　本稿の第1の目的は，周波数オークション制度を中心に同制度導入に至ろうとした周波数政策の現状と課題を析出することである。

　本稿の第2の目的は，電波利用料制度について検討することである。電波利用料については，電波法103条の2第4項に定める「電波の適正な利用の確保に関し総務大臣が無線局全体の受益を直接の目的として行う事務の処理に要する費用」という定義に即した議論が重要である。しかし，「無線局全体の受益」という法文上の歯止めが，過去，なし崩し的に拡張されてきたきらいがある。これは，「受益」とは何かについてこれまで精緻な議論がなされていなかったことにも原因があると思われる。すなわち，「受益」の範囲につき，「現在の」利用便益だけではなく，「将来の」利用便益や非利用便益も含めて議論されてきた傾向があったように思われる。応益原則（便益の大きさに応じて負担する）から，応能原則（支払能力に応じて負担する）に拡張して議論されてきた傾向はなかったか。そこで，本稿では，電波利用料制度のそもそもの出発点から離れて，政策的に必要があるとの理由から使途を拡大してきたことが，税と混同した議論を招いたり，一般財源論の呼び水になったりしているのでないか，との問題意識に基づき，特に，マルチメディア放送に対する電波利用料を例に議論したい。

　以下，まずは周波数オークションをめぐる議論を中心に整理する。次に，電波利用料制度について，そのあるべきを目指した方向性を議論する。

2　周波数オークション制度の導入に向けた議論

2-1　これまでのオークション制度検討の経緯

　懇談会は，総務省が正面から周波数オークション制度の問題に取り組むこととなった最初の検討会である。

　そもそも，政府の文書で公式に周波数オークション制度について言及がなされたのは，e-Japan重点計画[10]である。そこでは，「今後の我が国の周波数の利用状況やオークション方式など外国で行われている割当の実施状況を問題点も含め調査し，これを踏まえて我が国における最適な周波数割当方式について，公平性，透明性，迅速性，周波数利用の効率性等の観点から検討を行い，2005年度までに結論を得る」とされていた[11]。また，「今後の経済財政運営及び経済社会の構造改革に関する基本方針」[12]では，「周波数などの公共資源は，公開入札など市場原理を活用することも含め，最適な配分方式について検討する」とされていた[13]。いずれも周波数オークションは「検討する」という表現であり，必ずしも導入に前向きな動きではなかったが，検討の必要性が明示されたことは，重要なことであった。

　しかし，その後，周波数オークションの導入に向けて動き出したわけではなかった。たとえば，総務省・電波有効利用政策研究会（平成14年〜16年）における検討結果では，オークションの導入に否定的であった。すなわち，「オークションは，欧州の例に見られるとおり，一旦，免許料が高騰すると，1）国民へのサービスの遅延や人口カバー率の切り捨て，更にサービス開始そのものが困難となる，2）国家の成長・戦略産業であるIT産業の衰退，3）高額の免許料を徴収する場合，免許人の権利が強くなり，将来的な電波の迅速な再配分を困難とする欠点等の問題があり，財政上の観点は別として，電波の有効利用を著しく阻害する危険性を含むものである。したがって，電波の有効利用の推進を図る観点から，免許手続きにおいて市場原理を活用することが適当である場合には，オークションの市場原理活用方策としての利点を活かしつつ，その有する危険性を克服する別の方策の検討が適当である」とされ[14]，周波数オー

クションの導入は否定された。最適な電波の利用者を選定するには，免許人の電波の経済的価値に関する評価の高さだけではなく，事業計画の適切性や技術的能力の確保等の観点も重要である。したがって，免許方式としては，比較審査方式が適当である（後略）」。「したがって，電波の利用形態を勘案し市場原理の活用が適当である場合は，オークションではなく，市場原理活用型比較審査方式の導入が適当である」とされたのである（下線引用者）。

　しかし，近時，周波数オークションを求める声はとみに強まった[15]。政府もこれに反応して，「新成長戦略実現に向けた3段構えの経済対策」[16]では，「電波の有効利用のため，周波数再編に要するコスト負担についてオークション制度の考え方も取り入れる等，迅速かつ円滑に周波数を再編するための措置を平成23年度中に講じる」として，市場原理に立脚した周波数オークションが言及された。[17] さらに，総務省「次期電波利用料の見直しに関する基本方針」[18]では，周波数オークションについて，電波の公平かつ能率的な利用，免許手続きの透明性確保等の観点から，市場原理を活用するオークション導入は十分検討に値するものとされた。そこで，オークションの導入について本格的な議論を行い，その必要性・合理性をオークション導入の目的・効果に照らして検証し，国民に示していくべきとされた[19]。ここではじめて，周波数オークションの本格的な検討が政府の方針として打ち出されたのである。そして，この「基本方針」の中で，上記の周波数再編の費用負担についても，できるだけ市場原理の活用ができないかを検討すべきとされた。

　そもそも，電波法上定められている電波利用料制度は，さきに述べたように，電波監視等の電波の適正な利用確保に関し，無線局全体の受益を目的として行う事務の費用を，受益者である免許人が分担する制度である[20]。そしてその性格は，そのような事務の処理に要する費用を受益者である免許人等に負担させるものであり，いわばマンションの共益費用のようなものである。電波利用料制度は少なくとも3年ごとに見直しがある。そして，その期間に必要な電波利用共益事務にかかる費用を同期間中に見込まれる無線局で負担するものとして，見直しごとに電波利用共益事務の内容及び料額を検討し利用料が決定されてい

る。

　そして，現行の電波利用料の使途も，電波の適正な利用の確保に関し，無線局全体の受益を直接の目的として行う事務に電波法上限定列挙されている[21]。これらの点で，電波資源が生み出す経済的価値を活用するための仕組みとしての周波数オークション制度とは基本的に考え方が異なる。

　電波の経済的価値を一層反映させる方策については，前期の電波利用料（平成23〜25年度）について検討した電波利用料制度に関する専門調査会でも，議論になった。このことは，電波利用料の予算規模について，電波利用料の使途の安易な拡大には厳しい意見が表明されたことや[22]，なにより電波利用料の負担について，電波の経済的価値を一層反映させる方策として，電波利用料額の「使用帯域幅等に応じて負担する部分」と「無線局数で均等に負担する部分」の構成のうち，前者の比率をさらに増やすことが検討されたことにも表れている[23)24]。

　このように，周波数オークションに関する懇談会が開催される素地はできていたのである[25]。

2-2　懇談会で示された論点

　懇談会で議論された論点は次の9点である。

　第1に，「導入目的」である。「電波の経済的価値を反映した負担を求めることによる電波の能率的な利用」，「免許手続きの透明性確保」，「国民共有の財産を国民全体のために活用」等，オークションの導入目的は何か。第2に，「払込金の法的性格」，すなわち，電波を利用するために払込金を支払わなければならない理由は何か。第3に，「収入の使途」，すなわち，一般財源とするか，特定財源とするかである。第4に，競願が発生する無線システムすべて（携帯電話，放送，人工衛星等）をオークションの対象とするか。また，再免許時にオークションを行うかである。第5に，具体的な制度設計である。すなわち，①落札額が高騰しないか，②公正な競争が歪められないか（特定の有力事業者による買い占め等），③将来的な周波数の迅速な再編に支障を来さないか，と

いった点についての懸念の解消のための制度設計である。また，オークションの具体的な実施方法をどのようにすべきかについても議論された。具体的には，ⓐオークション参加資格・最低落札価格の設定の是非，設定方法，ⓑ入札方法，入札状況の公表方法等（システム開発を含む。）ⓒ一定のエリアカバー率の義務付け，ⓓ落札者による払込金の納付方法，ⓔ談合等不正行為の防止方法についてである。第6に，二次取引（オークションで落札した電波利用権の転売）を認めるべきか，である。第7に，オークション導入に伴う既存の電波利用料制度の在り方についてである。第8に，オークションと既存の免許制度との関係の整理，特に免許の有効期間（現行5年）の見直しを行うか，である。最後に，外国資本の位置づけをどうするかである。以下，筆者が重要と考えるいくつかの項目について，若干の検討を行う。

　第1の「導入目的」について，懇談会報告書では，「周波数オークション制度導入の主目的は，電波の有効利用の推進及び無線局免許手続きの透明性・迅速性の確保とすること」とされた。オークションの払込金収入による国家財政への寄与といった効果は，あくまで副次的なものとされたのである。

　第2の「払込金の法的性格」について，懇談会報告書では，「オークションの落札者は，払込金を支払うことにより，対象周波数を一定の条件に従って使用するための無線局免許を申請することができ，審査の結果問題ないとされれば，排他的に無線局を開設，運用ができる地位」とされた。オークションの落札者というのは払込金を支払うことによって，当該周波数を使用する無線局の免許を排他的に申請できる法的地位を取得するという考え方は，落札者が，払込金を支払って対象周波数の無線局免許を申請し，かかる落札者の申請行為に基づいて，必要な審査の結果，免許という行政行為が行われる，という2段階の考え方を示しているものと理解できる。すなわち，オークションによって得られる資格は，特定の周波数帯域そのものではなく，無線局免許を排他的に申請できる独占的地位である。総務大臣は，当該申請があれば，電波法7条1項，8条1項，10条1項，12条等に基づいて，他の無線局に対して混信等の妨害を与えるおそれの有無やその開設の必要性等を審査し，これに必要な審査をし，

免許を与えるが，免許付与という行政行為には，「附款」を付することができると解すべきである。公共用物の使用許可には，附款が付されるのが通常であるから，無線局免許付与の行政行為の附款として，「一定のエリア・人口カバー率の義務づけ」や「ネットワークの他事業者への開放義務づけ」を課することができる[26]。ただし，電波法改正(法)案では，認定の条件として，入札開設指針に定めたエリアカバー率等を守ることが条件となるとしつつも，入札開設計画に従い置局すること（つまり，入札開設指針に規定してあるエリアカバー率等を遵守すること）は，電波法改正(法)案27条の17の8第1項2号に明定されている法定要件であり，行政庁の裁量により付加される附款とは法的性格の異なるものとして位置づけていることに注意しなければならない。懇談会報告書では，「周波数オークションの対象が移動通信システム等広範囲の地域でサービスを提供する無線システムの場合，非採算地域における設備投資が遅れたり行われないおそれがあること，また自らは事業を営まず転売を目的としたオークション参加を防止する必要があることから，一定のエリア・人口カバー率等の達成をするようオークションの条件として付し，その条件が履行されない場合には落札者の地位を取り消す等の措置を講ずることが適当である」として，オークションの条件としてエリア・人口カバー率等の義務づけが位置づけられている。

　なお，落札によって得られる資格は免許申請を行うことのできる独占的地位であると解しても，当該申請行為に対して，総務大臣は特段の事情のない限り不許可決定はできないと解すべきである。なんとなれば，相当な資金を投入して当該独占的地位を獲得したものの，結果として，免許が付与されないとなると，入札参加事業者に不測の損害を与えかねないからである。落札により無線局免許を排他的に申請できる地位が賦与されると解したからといって，そのことから，当該独占的地位に財産権的性格（地位の譲渡可能性）が賦与されることとなるかといえば，必ずしもそうとは限らない。譲渡性の付与は，周波数の効率的利用を達成するに当たって対象者に地位取得後の企業戦略上の柔軟性を認めるという点では事業者にとっては確かに重要な関心事項ではある。もっと

も，仮にその地位を財産権と考えないと解したとしても，私人間においては当該地位に一定の財産的価値を認めざるを得ないと思われる。しかし，当該地位に譲渡性を賦与することを否定し，一身専属性と規定する制度設計も政策判断としては可能かつ妥当である。

この点，電波法改正(法)案では，電気通信業務用基地局の免許を申請できる者を入札等により決定することで電波の経済的価値を最大限発揮できる場合に，当該基地局に関する入札開設指針を策定することが謳われているが，当該開設計画の中に，入札対象とする周波数に関する事項，認定の有効期間（20年を上限），最低落札価額，保証金及び落札金の納付方法及び期限，入札等の実施方法に関する事項等が記載されることになっている（電波法改正(法)案27条の17の2)[27]。思うに，オークションで割り当てられた免許について当初の計画どおり円滑かつ迅速に事業活動が後に展開できることが必要で，オークションによる周波数の落札が自己目的化することがあってはならない。その見地からは，改正(法)案のように，落札後の円滑かつ迅速な事業活動の展開にあたって最低限必要な審査と条件の義務付けを行うことは必須である。

第3に，「収入の使途」について，懇談会報告書では，オークション事務経費やオークション対象周波数に存在する既存免許人等の他周波数への移行費用などオークションを円滑に実施するために必要な経費は，オークション収入から賄うことが適当であるとしたうえで，「電波の有効利用に資するICTの振興に充てることにより電波利用者に利益を還元するとともに，国の財源として国民全体に還元することが適当である」とした。要するに一般財源とすべきことが明示されたのである。電波法改正(法)案でもそのような位置づけがなされている[28]。

前記第5で挙げた具体的な制度設計については，たとえば，不正行為の防止が重要となる。懇談会報告書のいうように，入札の際に，正当な判断を誤らせるような術策や脅迫等の行為により手続きに影響を与えることや，落札価額をあらかじめ引き下げるといった談合を行うことは，公正な手続きによる入札を妨害し，周波数オークション制度の目的を没却することとなるからである。そ

こで，電波法改正(法)案では，入札等の公正を害すべき行為をした者及び談合した者に対する罰則を創設し，3年以下の懲役若しくは250万円以下の罰金又はこの併科（公務員及び法人は重罰規定あり）とした（電波法改正(法)案109条の4）。

最後に挙げた外国資本の位置づけについては，懇談会報告書では，「我が国における電気通信業務用の無線局に係る外資の扱いは，WTOでの約束を踏まえた上で，外資規制に係る一般法である外為法により適切に行われることとされていることから，周波数オークションを導入するにあたり，特段の措置を講じる必要はない」とされた。

わが国では，電波法5条1項の規定により無線局の免許に関する欠格事由として外資規制が創設されているが，同条2項8号の規定により電気通信業務（＝電気通信事業者の行う電気通信役務の提供の業務）を行うことを目的として開設する無線局については同条1項の規定による外資規制が適用されない。また，この外資規制は，無線局の開設時のみならず，免許を受けた後においても適用される（電波法75条1項）ものの，電気通信業務を行うことを目的として開設する無線局については，前記と同様に外資規制は適用されない。このように，電気通信業務用の無線局は電波法上の外資規制の対象外とされており，これは，わが国がWTOにおいて，NTTに対する外資規制を除き，外資開放を約束していることがその理由である[29]。

懇談会報告書が，外資規制については特段の処置をしないとしたことは賢明であるが，懸念すべき点もある。たとえば日米で規制の均衡（reciprocity）が図られているか疑問だからである。

すなわち，米国は，連邦通信法第310条(b)(3)において，外国による無線局免許における直接投資については20％以下とするとの規制を維持している。このため，たとえば，日本の事業者が衛星を利用した米国との通信サービスを提供するにあたり，米国に設置された地球局の無線局免許を取得しようとしても不可能であり，柔軟なネットワーク構築が困難となっている。また，外国による間接投資については，同条(b)(4)において，25％以下とするとの規制を維持

しており，外国資本参入に関する米国連邦通信委員会（FCC）規則（1997年11月25日，FCC97-398）において，WTO加盟国からの投資は25％を超える場合でも公共の利益にかなうとの反証可能な推定を行うとしているものの，いまだ規制の撤廃の実現には至っていない。「日米経済調和対話」[30]の事務レベル会合では，これらの問題に関して，継続して議論がなされているものの，米国側の反応は見られない状況にある[31]。

米国における電気通信業務を行うことを目的として開設する無線局免許に関する外国による直接投資規制及び間接投資規制については，対称性があるとは言い難い。これまでの日米間の対話の進捗にかんがみると，これらの規制について米国が譲歩することは見込み難い。わが国では，NTTの外資規制[32]さえあれば必要十分との立場がこれまで採られてきたものとも考えられるが，仮に電気通信事業行政の観点からはそうであるとしても，電波行政の観点からは疑問である。懇談会報告書では積み残されたが，継続して検討すべき課題である。

3 電波法の一部を改正する法律案

先に見たように，周波数オークション制度を盛り込んだ電波法の一部を改正する法律案（電波法改正（法）案）が国会（2012年第180回国会〔常会〕）に提出された。電波法改正（法）案は結局成立しなかったが，重要であるため，この法案の概要を概観しておきたい。電波法改正法案では，現行電波法に，27条の17の2から27条の17の10までの規定を新設し，入札対象基地局の入札開設指針及び入札開設計画の認定について定めるものであった。周波数オークションは，現行の特定基地局の開設の特別プログラムとして位置づけられていた。放送周波数その他の業務へのオークション適用は想定されていない点に注意すべきである。

また，対象周波数は現行の特定基地局に該当する無線局のうち，「免許の申請を行うことができる者を入札又は競りにより決定することが電波の経済的な

価値の十全な発揮に資すると認められるもの」に係る周波数とされた。

　入札対象基地局の開設及び入札等の実施に関する指針（電波法改正法案27条の17の2第1項）すなわち入札開設指針において定める事項は，オークションに関する事項として，①入札参加者が提供する保証金，②最低落札価額を設ける場合の当該金額，③認定の有効期間及び④その他入札等の実施に関する事項が定められる。このほか，⑤対象基地局の範囲，⑥使用する周波数，⑦基地局の配置・開設時期，⑧電波の能率的使用を確保する技術，⑨終了促進措置及び⑩円滑な開設の推進に関する事項が定められていた。これら⑤～⑩は，現行の特定基地局の開設の場合と同じである。①～⑩の中で注目すべきは，まず②の「最低落札価額」についてである。この設定額をどのように定めるかは，当局の政策判断であるが，その設定にあたってはそのときどきの意向によって裁量的にならぬよう透明性が必要である。また，⑨については既存の免許人等が存在している場合には，現行と同様にいわゆる終了促進措置が必要となり，700・900メガヘルツ帯周波数の場合と同様に移行費用の負担が必要となる。これに加えて，入札金額の負担が必要となる。入札開設計画に記載すべき事項では，現行の開設計画と同じく，①移動する無線局の移動範囲，②希望する周波数，③基地局の設置場所・開設時期，④電波の能率的な使用に関する技術及び⑤省令で定める事項の記載が必要となる。ただし，現行の開設計画と異なり，基地局に係る工事費・運用費の支弁方法，事業計画及び事業収支見積の記載は，法律では必要とされていない。この点はオークションの実施を通じて判定する趣旨と思われる。また，終了促進措置が必要な場合に，その内容及び費用の支弁方法についても，入札開設計画記載事項とはされていなかった。総務省は，入札開設指針において終了促進措置が必要であることを示すのみであって，その実施については何ら関与しない趣旨だったのであろうか。

　次に，入札等への参加については，入札開設計画提出者のうち，①計画が入札開設指針に照らし適切であること及び②犯罪等の非違事由が無いことの二要件を満たした者は，入札等に参加できるとされていた。オークション導入の趣旨から，要件①においては，入札開設指針には最低資格要件（絶対審査基準）

が置かれるものと考えられる。最終的な入札等の実施と入札開設計画の認定については，入札等の最高額により落札者又は競落者を決定し，その者の計画を認定することとなる。

　最後に，落札金の使途については，落札金の収入額の予算額相当金額は，毎会計年度，予算で定めるところにより，①周波数の変更，無線局の免許取り消し等に係る損失補償及び②入札等実施費用に充当することができる。また，予算で定めるところにより，過去の年度に遡って充当することもできる。一般会計に帰属するとは規定されないが，情報通信の政策的経費に充当することは許されず，当然に一般会計に帰属することとなる。この点は「懇談会」でもそのように提言されていたところである。

4　電波利用料制度

4-1　序説

　本稿では，ワイヤレスブロードバンドの進展等に伴い周波数が急速にひっ迫する中，国民生活の利便性向上や安心・安全確保のために必要となる電波について，ここまで周波数オークションを中心に概観してきた。次に，電波利用料についても，紙幅の関係上十分に検討することができないものの，若干の問題提起をしておきたい。

　電波利用料財源は，一般会計において経理されているが，電波法103条の3第1項において「政府は，毎会計年度，当該年度の電波利用料の収入額の予算額に相当する金額を，予算で定めるところにより，電波利用共益費用の財源に充てるものとする。」と規定されており，一般会計の中でも，使途が法律により特定されていない他の税収による財源とは異なり，法律によりその使途が特定される財源となっている。電波利用料制度は，基本的には，3年間に必要となる電波利用共益費用を，同期間中に見込まれる無線局で公平に負担するものとして料額が設定されているが，これに基づく電波利用料収入は，上記の規定

により，電波利用共益費用の財源とすることが制度化されている。その一方で，一会計年度においては，無線局数の予想以上の増加等により当該年度の歳入が歳出を上回ることも想定される。この場合，同項のただし書きの，「ただし，その金額が当該年度の電波利用共益費用の予算額を超えると認められるときは，当該超える金額については，この限りではない。」との規定により，歳出額を上回る部分については当該年度の他の行政経費に充当できることとなっている。しかしながら，同条2項の規定により，一会計年度において，電波利用料収入が必要な電波利用共益費用を下回る場合等には，当該年度の電波利用料収入に加えて，制度設立以降の各年度において電波利用共益費用の財源に充当できなかった電波利用料収入の合算額の範囲内において，電波利用共益費用の財源とすることが可能となっている。これにより，電波利用料収入の全額を電波利用共益費用の財源にあてるという制度の趣旨が確保されている[33]。なお，2014（平成26）年度から2016（平成28）年度までの電波利用料の歳出規模のあり方，料額等は，有識者から構成される「電波利用料の見直しに関する検討会」が開催され，免許人等からのヒヤリング，パブリックコメントを踏まえ，報告書として「電波利用料の見直しに関する基本方針」が2013年夏に取りまとめられ，2014年の通常国会では，同基本方針に基づき，電波利用料の見直しを行う「電波法の一部を改正する法律」が成立した。

■ 4-2 制度の変遷

現行の電波利用料制度は，1993（平成5）年度に導入されたものである。当初の使途は「電波監視」，「総合無線局監理ファイルの作成・管理」，「その他（無線局全体の受益を直接の目的として行う事務）」とされ，料額は電波監視に係る費用は均等に，総合無線局管理ファイルに係る費用は使用する情報量に応じて按分することで設定されていた。1996（平成8）年度に料額が改定されるとともに，使途に「技術試験事務」が追加された。2001（平成13）年度には，使途に「特定周波数変更対策業務」が追加され，2003（平成15）年度から2010（平成22）年までの間，経費の一部（約30億円／年）をテレビ放送局

が負担することとなった。2004（平成16）年度には，使途に「特定周波数終了対策業務」が追加された。2005（平成17）年度には，料額が改定され，電波の経済的価値（使用する周波数幅等）に応じて負担する考え方が導入（広域専用電波の制度が導入）された。また国民の生命財産，身体の安全及び財産の保護に寄与する無線局等の電波利用料を軽減する措置（特性係数）が導入された。この特性係数のあり方がその後の議論のひとつのポイントとなる。またテレビ放送には特性係数とは別の負担軽減措置が適用された。また，使途に「電波資源拡大のための研究開発」，「携帯電話等エリア整備事業」が追加された。2008（平成20）年度には，料額が改定され，電波の経済的価値に応じて負担する部分が拡大されるとともに，テレビ放送の負担額を増やすこととし，他の無線局と同様に電波の経済的価値に応じて料額が設定された（ただし，特性係数を適用し，1/4に軽減されている）。また使途についても，「国際標準化に関する連絡調整事務」，「地上デジタル放送移行対策関連業務（中継局，共聴設備のデジタル化，デジタル混信への対応，視聴者相談体制の整備）」，「電波に関するリテラシーの向上のために行う事務」が追加された。また使途のうち「その他（無線局全体の受益を直接の目的として行う事務）」を改め，使途がすべて限定列挙されることとなった。限定列挙とすることにより，使途がなし崩し的に拡大しないようにとの歯止めとなるよう期待されたのである。2009（平成21）年度には，電波利用料のコンビニエンスストア等での支払いを可能とする制度が導入され，使途についても「低所得世帯への地デジチューナー等の支援」が追加された。2011（平成23）年度には，料額が改定され，電波の経済的価値に応じて負担する部分が拡大された（ただし「特性係数」は維持されている）。また使途についても，時限措置として「東北3県におけるアナログ放送の延長期間の運用経費助成業務」が追加された。

4-3 問題点：総論

　電波利用料のあり方について，率直に言って課題は少なくないと思われる。とりわけ，現行の電波利用料制度は，無線局免許人の受益と負担の関係を前提

とした「電波利用共益費用」であるが，そこでいう「共益性」とは何かについて，再検討する余地があると思われる。電波利用料およびその使途のあり方については，批判が強いのもまた事実である[34]。いずれにせよ，今後の電波利用の動向等を踏まえて，電波利用料のあり方について一定の見直しは避けられないと思われる[35]。筆者が考える論点は次の３点である。

　第１に，電波法103条の２第４項柱書（以下，「柱書」という）に定める「電波の適正な利用の確保に関し総務大臣が無線局全体の受益[36]を直接の目的として行う事務の処理に要する費用」という定義に即した議論が必要ではないか。

　第２に，電波利用料の出発点から離れて[37]，政策的必要があるとの理由から，累次，使途を拡大してきたことが，かえって，一般財源論を呼び込んでいるのでないか。

　第３に，電波法103条の２第４項に規定される電波利用料の性格に関して，「無線局全体の受益」における「無線局」とは，現在の無線局であるか，それとも将来の無線局をも含むのか。

　これに対する筆者の見解は以下のとおりである。
　まず，上記第１の論点について総務省の「電波有効利用政策研究会」（2002〔平成14〕年１月〜2004〔平成16〕年10月）において電波利用料が検討された際，その最終報告書「電波利用料制度見直しについての基本的な考え方」第３章「新たな電波利用料制度のあり方」において，
　　モデル１：現行の電波利用共益費用（手数料）としての性格を維持すべきとするもの（狭義）
　　モデル２：電波の経済的価値を勘案した使用料的な概念を導入し，電波の有効利用を促進すべきとするもの
と分類した上で，新たな電波利用料制度は，モデル１とモデル２の双方の長所をあわせ持つものとして，調和統合（アウフヘーベン）を図ることが適当であるとした。この結論に従い，電波法及び放送法の一部を改正する法律（平成17年法律第107号）第１条による改正で，広域専用電波の制度が導入された

のである。

　この整理を前提に，第1に，電波利用料にここでいう上記モデル2の性格を追加すること自体は，妥当であったと考える。しかし，電波利用料の性格を画する定義規定（103条の2第4項柱書）のなかに，それが反映されていない（少なくとも同項柱書の規定から同項各号の内容が演繹的に派出してくることを読み取るのは困難である）という点は，立法技術的にいささか問題である。「電波の適正な利用の確保に関し郵政大臣（総務大臣）が無線局全体の受益を直接の目的として行う事務の処理に要する費用」という法律上の文言は，平成5年の電波利用料制度制定当初からほとんど変わっていないことに留意すべきである[38]。

　第2に，平成17年改正により，電波利用料は，「電波利用共益費用」（狭義）に加えて，いうなれば「電波有効促進利用費用」としての性格も具備するに至っており，電波利用料制度のあり方に関する議論の出発点として，平成17年改正の重要性を再認識すべきである。

　第3に，電波法典の中に，「限定列挙の各号列記」を規定するのは，「次に掲げる電波の適正な利用の確保に関し……無線局全体の受益を直接の目的として行う事務の処理に要する費用の財源に充てるため」（法第103条の2第4項柱書）という電波利用料の法律上の定義に基づく「枠」を嵌めつつ，さらにその具体的な使途につき個別具体的に国会の議決にかからしめようとする点で，下位法令によらない法律による使途の歯止めとして重要であり，財政法3条の趣旨にも合致するものである。この点に鑑みれば，現行法の各号列記を省令レベル（委任立法）に落とすべき（法律自体はもっとシンプルにすべき）だとする立法論には，電波利用料制度の当初の制定趣旨に照らして与しがたい。

■ 4-4　問題点：各論—V-Highマルチメディア放送と電波利用料—

(1)　議論の概要

　マルチメディア放送（移動受信用地上基幹放送，以下，「マルチメディア放送」ないし「V-Highマルチメディア放送」という。）は，いわゆるアナログ放

送周波数帯跡地利用のため特性係数が非適用(災害放送義務／あまねく努力義務ともに)とされてきた。一方，携帯電話も同様の跡地を利用予定であり，これまで，特性係数は非適用であった。「電波利用料の見直しに関する検討会(平成25年3月から8月にかけて開催。以下，「検討会」という。)」の方向性では，「国民の生命・財産の保護に著しく寄与(災害放送義務)」に対して，「ハードに係る責務については放送と通信で差がないこと踏まえ，携帯電話にも特性係数を適用すべき」との考え方が示されていた[39]。このことから，特性係数(災害放送義務にかかるもの)は，跡地利用か否かに依らず適用されるものと捉えることができる。この点において，マルチメディア放送も同じ位置づけとの意見が出ていた。このように，マルチメディア放送は跡地利用ではあるが，特性係数(災害放送義務にかかるもの)を適用することが可能であるかが焦点となっていた[40]。

　最終的に，検討会では，次のように方向性が示された。すなわち，V-Highマルチメディア放送は，地デジ移行後の空き周波数帯を使用するものであることから，現状は，他の免許人以上に多額の費用を要する地デジ移行対策の受益に対する負担を負うことが適当であるとして，特性係数を適用していない。しかしながら，跡地利用による特別な受益と放送局としての公共性(災害放送義務およびあまねく普及努力義務等)とは何ら関係がないことから，テレビ放送等と同様の特性係数を適用することが適当と考えられる。この際，VHF帯以下とUHF帯を区分して経済的価値を勘案することの検討状況にも留意して，負担額の著しい変更とならないよう検討することが適当であるとされた。

(2)　私見：電波利用料の基本的性格の観点から

　そもそも，「無線局全体の受益を直接の目的とする」電波利用料の基本的性格に照らせば，V-Highマルチメディア放送について「他の免許人以上に多額の費用を要する地デジ移行対策の受益に対する負担を負うことが適当」という考え方自体おかしかったのではないかと考える。

　すなわち，V-Highマルチメディア放送も基幹放送として災害放送義務やあ

まねく普及努力義務を負っている。とすれば，特性係数を他の基幹放送と同様に適用しなければ不公平である。電波利用料によって賄われる費用は，電波法103条の2第4項の電波利用料の定義において明らかにされているように，「無線局全体の受益を直接の目的として行う事務」に対するものである。受益は，免許人及び登録人全体に等しく及ぶのが制度の大前提である。したがって，V-Highマルチメディア放送について「地デジ跡地利用の受益に対する負担を負うことが適当であるとして」との言い振りは，その前段においておかしかったのではないか。このような言い方は，電波利用料の定義にいう「全体の受益」

図表1　VHF帯とUHF帯の比較

比較項目	概要	VHF帯	評価	UHF帯
経済的市場規模	無線システム利用市場におけるニーズは高速化／大容量化へシフトし，より高い周波数帯に移行しており，相対的に低い周波数帯の経済的市場規模は小さいといえる	小さい	＜	大きい
都市ノイズ	自動車の点火栓や家電製品等，人工物から放射される都市ノイズは，周波数が低くなるほど多くなる	多い	＜	少ない
伝送できる情報量	・一般に周波数が高いほど，伝送容量は多くなるため，情報量の多い無線システムはより高い周波数へ移行している ・低い周波数帯ほど広い帯域が取れない	少ない	＜	多い
周波数の伝搬特性	低い周波数ほど屋外では回折（まわり込み）や，透過，反射等により，より遠くへ伝搬するが，一方で屋外から屋内への侵入については損失が大きい	屋外利用に適する	＜	屋内／屋外のどちらにも適する
アンテナ・装置のサイズ	・アンテナ長は波長に比例して大きくなり，波長は周波数が低くなるほど長くなるため，自ずとアンテナ長も大きくなる ・受信機等筐体の設計はアンテナ収容スペースを考慮しており，アンテナ長が大きいほどその設計には制約が生じる	大きい	＜	小さい
送信設備の建設コスト	アンテナサイズが大きいと，それを取り付ける鉄塔等建築物の強度（風圧荷重耐性等）にかかるコストが高くなる	高い	＜	安い
繰り返し利用効率	周波数は，低いほど遠くに伝搬する性質があり，カバーエリア（ゾーン）が大きくなることから，同一周波数を繰り返し使用して容容効率を高くするような無線システムの利用には適さない	悪い（大ゾーン）	＜	良い（小ゾーン）

でなく,「特定の免許人等の受益」と受け止められかねないおそれがあるものであった。前述のように,これまでは,他の免許人以上に多額の費用を要する地デジ移行対策の受益に対する負担を負うことが適当であるとして特性係数を適用していなかったが,本来,VHF帯以下とUHF帯との経済的価値の差異のとらえ方(【図表1】参照)と,地デジ跡地(VHFの一部とUHF帯の一部)の負担の在り方とは制度として論理的な関連性はない。それぞれ独立に議論されるべきものである。そもそも,VHF帯以下には,V-Highマルチメディア放送以外にもさまざまな無線システム(AM・FMラジオ事業者等)が存在しており,V-Highマルチメディア放送に特性係数を適用することと,地デジ跡地(VHFの一部とUHF帯の一部)の負担の在り方とは論理的に関係ない。

(3) 私見:新規参入促進の観点から

　マルチメディア放送はまったくの新規事業であるところから,以下のような問題が存在すると考えられる。基幹放送事業として他の基幹放送と同様の義務を負いながら,「特性係数」等の対象とされず,結果として大手民放よりも多くの電波利用料を支払う事態となっていた。このため制度として,アンバランスな状況にあった。新規事業への参入促進という観点から見た放送政策としても疑問が残るものであった。また,電波の有効利用の面からすれば,新規事業による電波の有効利用という目的に着目して,新規事業者への電波利用料の軽減措置が図られてもしかるべきであった。しかし,その観点がこれまでの整理では制度設計から看過され,結果として新規参入事業者の経営を圧迫するおそれがあった。

　そもそも,新規参入候補事業者にとっては,初期の固定費が参入障壁となる。マルチメディア放送事業にとっては,まさに電波利用料が参入障壁の大きな要因になっていた。そしてその結果として参入意欲が高まらず,新たな参入募集すら行われない事態となっていたのであり,電波の有効利用を妨げるおそれがあった。

(4) 小括

　電波利用料によって賄われる費用は，電波法103条の2第4項の電波利用料の定義において明らかなように，「無線局全体の受益を直接の目的として行う事務」に対するものであり，受益は，免許人及び登録人全体に等しく及ぶものが制度の大前提である。そして，電波法上，跡地利用の特別受益（特別負担）の概念が制度化されているのは，「特定周波数終了対策業務」に加え，2011年の電波法改正で導入された「終了促進措置」の2つのみである。そもそも，「無線局全体の受益を直接の目的とする」電波利用料の基本的性格に照らせば，V-Highマルチメディア放送について，「他の免許人以上に多額の費用を要する地デジ移行対策の受益に対する負担を負うことが適当」という考え方自体，理にかなったものではなかった。跡地利用による特別な受益と放送局としての公共性（災害放送義務，あまねく普及努力義務等）とは何ら関係がない。このことからすれば，どちらも基幹放送である以上，テレビ放送等と同様の特性係数を適用するのが筋であったといえる。結局，2014年の電波法改正により，マルチメディア放送にも「国民の生命・財産の保護に著しく寄与（災害放送義務）」にかかる特性係数が適用されることとなった（追記参照）のは，この本稿の主張に添うものである。

5　むすびにかえて

　本稿は，周波数オークション制度と電波利用料制度について検討した。周波数オークション制度は，民主党から自由民主党に政権交代になり，検討は先送りされた状態にある。また，電波利用料については，制度の出発点から離れて，政策的必要があるとの理由から，なし崩し的に使途を拡大してきたことが，かえって，一般財源論を呼び込んでいるのでないかと思われる。
　本稿で検討した今後の電波有効利用の促進に関する諸課題から浮かび上がってくるのは，情報通信が，国民の重要なライフラインの一つであるという点で

ある[41]）。それだけに，電波監理を担う総務省の役割と責務は重く，そして，今後とも電波政策の不断の見直しは避けて通れないと思われる。

(林 秀弥)

＊追記

本稿は，2014（平成 26）年 3 月時点の情報をもとに作成された。なお，電波法の一部を改正する法律（平成 26 年法律第 26 号，平成 26 年 4 月 16 日成立，平成 26 年 4 月 23 日公布）では，電波利用料における軽減措置の見直しが行われ，マルチメディア放送にも「国民の生命・財産の保護に著しく寄与（災害放送義務）」にかかる特性係数が適用されることとなった。これにより，本稿の主張は一定程度達成されることとなった。

＊謝辞

本稿の内容については，武智健二氏（日本テレビ放送網株式会社メディア戦略局シニアアドバイザー）から懇篤な教示をいただいた。記して謝意を表する。もちろん，本稿にありうべき誤りはすべて筆者のものである。

◆注◆
1) その際，技術基準適合証明（電波法 38 条の 6）等を取得した無線設備の免許申請手続については，包括免許制度や免許手続の簡略化により迅速かつ効率的な処理が行えるようになっている。
2) 電波は相互に干渉することから，場所・時間・周波数との関係で有限希少な資源である。
3)「有限希少性」という特性とならんで，電波には「拡散性」という特性がある。すなわち，電波は使用目的以外の場所にも到達することがあるため，何らかのルールにより混信防止が必要である。
4) 電波の公平かつ能率的な利用のために，これまでも総務省によって，法令，技術，市場メカニズム等さまざまな観点から取り組みがなされてきた。すなわち，法令による規律としては，①包括免許・開設計画の認定制度，②免許不要局の導入・拡大，③技術基準適合自己確認制度（電波法 38 条の 33）の対象拡大といった免許制度・認証制度や不法無線局の取り締まりといった電波監視制度が挙げられる。また，技術による取り組みとしては，①技術基準の策定や②電波防護指針の策定といった技術基準の設定，③周波数有効利用技術の研究開発や国際標準

化の推進が挙げられる。市場メカニズムの活用としては，後に述べる周波数オークション制度が挙げられる。加えて，情報公開の取り組みも重要である。これには，①電波利用状況調査（電波法26条の2第1項）や②無線局等の情報公開が挙げられる。この点については現在，無線局等情報検索の高度化が検討されている。すなわち，総合無線局監理システムに装備する無線局等情報検索機能に，無線局数の多寡を市区町村毎の色分けでマッピングする機能が平成24年5月以降追加予定である。

5）移動通信システムのトラヒックはスマートフォンの普及に伴い，ここ数年，加速度的に増加している。そしてこの動きは今後ますます加速すると見込まれる。

6）2012年3月9日に第180回国会（常会）提出された「電波法の一部を改正する法律案」では，周波数オークション制度とは「特定の周波数を用いる電気通信業務用基地局（携帯電話基地局）について，総務大臣が定める開設指針に適合する計画を申請した者の中から，入札等（入札又は競り）により，最も入札価額の高い者の入札開設計画を認定する制度」とされている。

7）2010年12月14日総務省決定。

8）筆者は，電波利用料制度に関する専門調査会，グローバル時代におけるICT政策に関するタスクフォース電気通信市場の環境変化への対応検討部会「ワイヤレスブロードバンド実現のための周波数検討ワーキンググループ」，及び，「周波数オークションに関する懇談会」の各構成員であったが，本稿中意見にわたる部分は，筆者の私見であり，当該調査会，ワーキンググループ，懇談会の公式見解を何ら示すものではない。なお，本稿は，筆者が「3.9世代移動通信システムの普及等に向けた制度整備案に対する意見募集」（2011年10月21日）に応じ提出した意見をも反映している。

9）周波数オークションに関しては，「電波法の一部を改正する法律案」では，(1)入札開設指針の策定，(2)入札開設計画の認定，(3)保証金及び落札金の納付を内容とする法改正が提案されている。(1)については，電気通信業務用基地局の免許を申請できる者を入札等により決定することが電波の経済的価値の十全な発揮に資すると認められる場合，当該基地局に関する入札開設指針を策定することを内容とするものである。(2)入札開設計画の認定の申請があった場合，入札開設計画が入札開設指針に照らし適切なものの中から，入札等を実施し，最も入札価額の高い者の入札開設計画を認定することを内容とするものである。(3)については，入札等に参加する者は入札開設指針で定める額の保証金を提供し，入札開設計画の認定を受けた者は落札金を国へ納付することを内容とするものである。

10）2001年3月29日IT戦略本部決定。

11）同決定における「2．世界最高水準の高度情報通信ネットワークの形成(3)具体的施策①インターネット網の整備イ）超高速ネットワークインフラ等の形成

推進 vi）電波資源の迅速かつ透明な割当（総務省）」の項を参照。
12) 2001年6月26日閣議決定。
13) 同基本方針における「2．構造改革のための7つのプログラム(2)チャレンジャー支援プログラム—個人，企業の潜在力の発揮」の項を参照。
14) 同研究会第一次報告書（2002年12月）「第3編 電波有効利用推進のための市場原理の活用方策 第3節オークション方式」の項を参照。なお，この結論は同研究会最終報告書（2004年10月）においても踏襲されている。
15) 鬼木甫「高い価値ある第3.9世代から電波オークションの適用を」，エコノミスト2012年1月17日号，p.80では，国民の共有財産である電波について，「一刻も早く，総務省による割当制度をやめ，電波オークションを導入すべきだ」と主張している。
16) 2010年9月10日閣議決定。
17) 同「Ⅲ．緊急的な対応の具体策 5．日本を元気にする規制改革100 ○保育その他の分野」として，別表（25分野を中心とした需要・雇用創出効果の高い規制・制度改革事項）のなかに，平成22年度中に検討し結論を出し，平成23年度に措置すべき事項として明記されていた。
18) 2010年8月30日総務省決定。
19) ただし，オークションの導入は免許人に新たな負担を課すことであり，十分な説明が必要であり，また，先行事業者との間で競争政策上の問題が生じないよう対象を選定すべきともされていた。
20) 電波利用料は3年間に必要な電波利用共益事務にかかる費用を同期間中に見込まれる無線局で負担するものとして料額が決定されている。ちなみに，地デジ移行の対策のための大きな後年度負担があった2010年度末で約950億円であったが，前期2008〜2010年度の予算規模は平均年680億円として料額が設定されていた。電波利用料の料額は，電波利用共益費用の財源に充てるため，免許人等が無線局の区分等に従い納付する金額として電波法別表第6（103条の2関係）等に定められている。
21) 電波利用料は一般会計に組み入れられるが，その使途は，無線局全体の受益を直接の目的として行う事務として，個別具体的な事務が電波法103条の2第4項に定められている。主な使途として，不法電波の監視，総合無線局監理システムの構築・運用，電波資源拡大のための研究開発等，電波の安全性調査，携帯電話等エリア整備事業，電波遮へい対策事業，地上デジタル放送への円滑な移行のための環境整備等が挙げられる。
22) 前回の電波利用料見直し時の国会附帯決議（衆議院・総務委員会〔2011年5月24日〕および参議院・総務委員会〔2011年4月19日〕）や，行政刷新会議の事業者仕分けの評価者コメントでもこの点は強調されている。ただし，この点は，地上波テレビデジタル移行の対策のための後年度負担分（総事業費約2000億円，

2016年度まで返済）について考慮する必要あるように思われる。
23) これまではその歳入比はほぼ1：1であった。
24) このほか，放送事業者の負担の軽減措置の扱い（携帯電話事業者に比べて1/4であった）についても，大きな議論となった。
25) 周波数オークションに関する文献はまさに汗牛充棟である。ここでは，海外の周波数オークションについて詳細に検討した，鬼木甫（2002）『電波資源のエコノミクス——米国の周波数オークション』最近のものとして，山條朋子「欧米における周波数オークションの動向」，ネクストコム7号（2011），p.16，柴崎哲也「英国発『周波数オークション』考察」ICT World Review 4巻6号（2012），p.25，山條朋子（2014）「無線ブロードバンド時代の周波数オークション」（岡田羊祐・林秀弥編著『クラウド産業論』第7章所収）のみを挙げておく。
26) ただし，こうした条件は，オークション公告の段階で明示しておくべきである。
27) その上で，入札開設計画の認定の申請があった場合，入札開設指針に適合する入札開設計画を提出した者を対象に，総務省は入札等を実施し，最も入札価額の高い者の入札開設計画を認定することになっている（電波法改正案27条の17の3以下）。
28) ただし，国際条約の改定等に伴い既存免許人等が他の周波数帯へ移行する際に生じる補償費用，入札等に係る企画・実施費用には充当することができるとされている（電波法改正案27条の17の6）。
29) ただし，WTO上の約束も加盟国が公の秩序維持等のために必要な措置を講じることを妨げるものではない。このため，外国為替及び外国貿易法（外為法）において，情報通信業について対内直接投資等を行おうとする者には事前届出義務を課し，国が審査を行うことを可能としている。
30) 日米両国政府は，2001年に立ち上げた「日米規制改革及び競争政策イニシアティブ」等において規制改革，競争政策等に関する要望書の交換を行ってきたが，平成20年の要望書の交換以降，日米間の経済対話の在り方について政府部内及び両国政府間で検討を行った結果，要望書の交換は行わないこととした。「規制改革及び競争政策イニシアティブ」を含むこれまでの経済対話に代わるものとして立ち上がったのが，「新たなイニシアティブに関するファクトシート」（2010年11月13日の日米首脳会談の際に発出した文書）に基づく枠組みである。そしてこの「規制改革及び競争政策イニシアティブ」に対応する枠組みが，「日米経済調和対話」である。「日米経済調和対話」においては，貿易の円滑化，ビジネス環境の整備，個別案件への対応，共通の関心を有する地域の課題等についての対話が進められることとなっている。
31) 2012年の「日米経済調和対話」の事務レベル会合では，米国の無線局免許に関する外資規制について，次のような要望が掲げられていたが，米国側の反応は鈍い。すなわち，電気通信業務を行うことを目的とする無線局免許に関する

外資規制（直接20％まで，間接25％まで）について，外国電気通信事業者による柔軟なネットワーク構築等を確保すべく，撤廃すべきことである。このほか，外国電気通信事業者等の米国市場への参入に関する規制について，事業者の参入機会や予見可能性を確保すべく，外国電気通信事業者等の米国市場への参入時の審査基準である「通商上の懸念」，「外交政策」，「競争に対する非常に高い危険」について，撤廃ないし明確化すべきこと，である。以上につき，下記を参照。(http://www.mofa.go.jp/mofaj/area/usa/keizai/pdfs/tyouwataiwa1102.pdf〔2014年4月1日閲覧〕)

32) すなわち，直接・間接を問わず，日本電信電話株式会社（NTT持株会社）の議決権保有の1/3未満に制限，および日本国籍を有しない人のNTT持株会社・東西の取締役・監査役への就任の禁止，である。日本電信電話株式会社等に関する法律6条および10条をそれぞれ参照。

33) ちなみに，2012年度については，歳出予算は約679億円，歳入予算は約716億円となっている。

34) たとえば，行政刷新会議「提言型政策仕分け」評価結果（2011年11月21日）では，「主な意見としては，（中略）電波監視等の本来の目的以外については一般財源化すべき，電波利用料の段階的使途拡大を図りつつ中長期的な電波利用料の使途拡大を通じた一般財源化を図るべき，ほぼすべての国民が携帯を持っている以上もはや税金であり，一般財源化すべき，といったものであった。また，電波利用料を用いている支出の中で非効率な支出を徹底的に精査すべき，現行制度は限定列挙された項目の肥大化を招いており非効率，といった意見があり，これを踏まえた対応をとっていただきたい。以上を総合して，（中略）当ワーキンググループの提言とする。」とある。

35) また，電波利用料の料額についても，負担額の各無線システムへの配分は使用周波数帯域幅に比例させているが，公共性等を勘案して負担額を軽減するための特性係数をどうするか，現行の電波利用料の使途（電波の適正な利用の確保に関し，無線局全体の受益を直接の目的として行う事務），電波利用料の性格の枠組みは維持すべきか等，検討すべき課題がある。

36) 電波利用料制度創設時における「無線局全体の受益」にいう「無線局」とは，「現在の」無線局であったから，当然，免許人が「負担」するという（現行法は「納付」という表現）との認識であった。また，「共益費用」であることの帰結として，当時の制度下では経済的価値が考慮される余地はなかった。

37) 1993年創設当時の「電波利用料」の基本は，現在の1号事務（電波監視事務）と2号事務（無線局管理ファイル事務）であった。つまり，「無線局全体の受益を直接の目的として行う事務」は，電波監視事務と無線局管理ファイル事務が例示され，その例示された事務によって，自ずとその範囲が限定されていた。すなわち，電波監視事務は，不法に開設された無線局の探査や法令に適合せず

に発射されている電波の是正により，無線局の適正な運用の確保を図ることを目的とするものであるから，これは柱書の趣旨と適合する。また電波監視事務も，適切な無線局情報の管理により，電波監視をはじめとする電波監理事務の迅速かつ効率的な実施を支援するものであるため，これまた，柱書と整合的であった。

38) 創設当時の電波利用料制度（1993年）は以下の通りである。すなわち，（電波利用料の徴収等）として，次のように規定していた。

第百三条の二　免許人は，電波の監視及び規正並びに不法に開設された無線局の探査，総合無線局管理ファイル（全無線局について第六条第一項及び第二項の書類並びに免許状に記載しなければならない事項その他の無線局の免許に関する事項を電子情報処理組織によつて記録するファイルをいう。）の作成及び管理その他の電波の適正な利用の確保に関し郵政大臣が無線局全体の受益を直接の目的として行う事務の処理に要する費用（次条において「電波利用共益費用」という。）の財源に充てるために免許人が負担すべき金銭（以下この条及び次条において「電波利用料」という。）として，……国に納めなければならない。ただし，無線局の免許につき登録免許税法の定めるところにより登録免許税が課される場合には，当該無線局の免許の日から始まる一年の期間については，電波利用料を納めることを要しない。

39) 検討会では，特性係数「国民の生命・財産の保護に著しく寄与」については，災害時において携帯電話等が国民にとってなくてはならないものとなっている中，番組内容にも責任をもつという放送に固有の特性はないものの，携帯電話等はハード（設備）部分について先の東日本大震災においても国民や国・地方公共団体・防災関係機関の重要通信を扱う通信基盤の迅速な復旧や新たな災害対策の取り組みを行うなど，非常時対応に費用負担を負っていることを踏まえ，携帯電話等にも適用すべきであるとの意見が示されていた。他方で，特性係数「国民の電波利用の普及に係る責務」については，放送の特性係数は，法律に定められた「国民への電波利用の普及に係る責務等」（放送法による義務）を勘案された適切な措置であり，今後も維持すべきである。一方，携帯電話については，放送法にみられるような「あまねく普及努力義務」が電気通信事業法に規定がないことや，人口カバー率ベースでは概ね100％のエリアを展開しているが，特定基地局開設指針における普及目標について放送と差がある（携帯電話では人口カバー率を，放送では世帯カバー率を用いている）こと等を考慮し，ユニバーサルサービス義務が適用されるといった制度変更があった場合は別として，少なくとも現時点においては引き続き携帯電話には当該特性係数を適用することは適当ではないという意見も出されていた。

40) また，電波利用料の軽減措置は，無線局のどのような点に着目して適用すべきかが検討会で議論となった。すなわち，第1に，特性係数についてはさまざまな立場からさまざまな意見が出ていたところであり，特性係数のうち「国民

の生命・財産の保護に著しく寄与」については，放送法により災害時の放送実施が義務付けられており，ハード（設備）だけでなく，ソフト（番組内容）についても責任を負う放送局等に対し，引き続き適用すべきとの考え方と，携帯電話等も放送と同等の公共性を有しており，放送への適用を廃止，あるいは携帯電話等にも適用すべきとの考え方が対立していた。また，特性係数のうち「国民への電波利用の普及に係る責務」については，放送法によるユニバーサルサービスの責務を負う放送局に引き続き適用すべきとの考え方と，電気通信事業法上の責務はないもののテレビ放送と携帯電話との間に実質的な差異はなくなってきているとする考え方が対立していた。第2に，広域専用電波を使用する新規参入事業者については当初の負担が重くなることから，負担を一定程度軽減すべきとの意見があった。この点について，受益者負担を基本とする電波利用料制度の枠組みの中で，公益性に着目するのではなく，新規事業の存続・拡大を支援することを目的として負担を軽減することも可能であったと思われる。その場合には，事業者間の公正競争に及ぼす影響についてどう考えるかが論点となるであろう。また，仮にこれらの課題を踏まえた上でこのような措置が可能であるとした場合には，広域専用電波の課金等の在り方（課金を開始する時期，分割払いの可否等）についても検討が必要になると思われる。

41) 総務省は，電波の有効利用のための諸課題及び具体的方策について検討するため，総務副大臣の主催する「電波有効利用の促進に関する検討会」が2012年から開催された。また，2014年1月からは，同じく総務副大臣の主催する「電波政策ビジョン懇談会」が開催され，同年7月には，「中間取りまとめ」が行われた。

資料　民放連・研究所客員研究員会開催概要

1．2013年度の客員研究員会

　日本経済・企業経営の変化，メディアの多様化・デジタル化などに伴い，放送をめぐる環境が急速に変化する中，民放連・研究所では，2011年度に，社会や会員社からの多様な要求に応えられるようにすることを目的に"客員研究員制度"を導入した。2011年度，2012年度は，各研究員に独自のテーマのもと研究を進めてもらい，定期的な会合を通じて議論を行ってきた。3年目となった2013年度の客員研究員会では，"スマート・モバイル時代の放送"という統一テーマを設定し，関連性を意識した研究を客員研究員に行ってもらった。具体的には，①スマートテレビ・サービス，②放送サービスとソーシャル・ネットワークの連携，③ネット・モバイル端末向けサービス，など従来の"放送"の枠を超えて拡大しつつある放送事業について，制度，産業，経営，コンテンツ，ジャーナリズム，メディア利用行動などの分野から，問題点の洗い出しと課題克服に向けた対応策の検討を行うものとした。

2．開催日及び議題

　2013年度の客員研究員会は，計5回開催された。開催日及び当日の議題は以下のとおり。

	開催日	議　題
第1回	2013年7月30日	1．2013年度の研究員会の進め方について 2．各研究員の2013年度研究テーマについて
第2回	2013年9月25日	1．「スマート・モバイル時代における放送ビジネスのイノベーション」（稲田客員研究員） 2．「スマート・モバイル時代の『視聴者』の『テレビ』意識」（渡辺客員研究員）
第3回	2013年10月29日	1．「Google Glassは報道現場を変えるか？〜『日本的』ジャーナリズムの課題」（奥客員研究員） 2．「スマートテレビ2.0」（中村客員研究員） 3．「ネット選挙運動一部解禁と放送局」（宍戸客員研究員）

第4回	2013年11月28日	1.「モバイル対4K・8K～コンテンツベースで考える地上波放送局の次世代経営戦略～」（内山客員研究員） 2.「ビッグデータと放送情報」（春日客員研究員） 3.「V-Highマルチメディア放送と電波利用料」（林客員研究員）
第5回	2013年12月12日	1.「マルチスクリーンが視聴者に与える影響に関する分析」（三友客員研究員） 2.「テレビ報道現場におけるウェブ利用（1）背景と問題点」（音客員研究員）

3．研究発表要旨

（1）「スマート・モバイル時代における放送ビジネスのイノベーション」

　稲田研究員は，放送・通信連携のパターンを2つの軸で分類したことを紹介し，テレビ局では，2～3年前までは「VOD型」の展開が多かったが，収益源にならなかったため，ソーシャルメディアを活用して番組の魅力をアピールする「番組価値強化型」や，番組ホームページなどで，番組の追加情報や詳細情報を提供し，利便性を向上させる「番組派生価値追求型」に急速にシフトしていると説明した。そのうえで，「番組価値を強化するためには，ネットからテレビへの誘導が必要である。ネット上での盛り上がりにつながる番組の制作やブランディングが重要だ」「番組の派生価値という面では，これまでは広告会社が行っていたが，広告主と直接やり取りを行うことが必要だ」「ウェブの世界での競争は激しいので，VOD型の事業を行うより，特定の層を対象としたサイトなどを活用して，番組への誘導などを行うべき」との意見を述べた。

　ディスカッションでは，「放送は専門番組の束になり，テレビ局のブランドはなくなるのではないか」といった意見があったが，専門番組の束になるかどうかという考え方もあるが，テレビ局としては「1週間300本の番組ポートフォリオをどう構成するかが重要で，目的によって変わる」とした。そのほか，「放送には，旅番組での集客力など，広告の効果以外に番組の効果がある。外部に流れている効果を内生化していくことが，放送価値を高める一つの方法ではないか。外部効果を内生化することによって，基盤を強め，関連する産業を垂直

統合していけば，放送産業はコンテンツ中心の，強いモデルが築ける」「垂直統合効果が大きいとすると，放送局が放送自体の価値を見極め直す時期に来ている」といった意見があった。

(2)「スマート・モバイル時代の『視聴者』の『テレビ』意識」
　渡辺研究員は，視聴者の視点から見たテレビについての研究を行いたいとした。従来，視聴者にとって最も近いメディアであったテレビはスマートフォンにその地位を置き換えられつつあると考えられ，テレビ自体も，スマートテレビでは，想像力の入る余地が減り，参加性が上がることによって別のメディアに変化していく可能性があるとした。また，タイムシフト機能による時間的な縛りの消失，多チャンネル化の進行や画面サイズの多様化，テレビ受像機以外での番組視聴の拡大等によって，「テレビ」という言葉自体に，テレビ受像機という"ハードウェアとしてのイメージ"が伴わなくなっており，「テレビ」という言葉が単なる機能の名称となったのではないかとの仮説を説明し，将来の視聴層への「テレビ」のブランディングが重要であるとの問題意識を述べた。そして，こういったブランディングの話は，テレビを視聴しない世代をいかに取り込むのかということにもつながるため，「テレビ」という言葉を軸に視聴者へアンケート調査を行うことを考えているとした。
　ディスカッションでは，アンケート調査方法について，「『ラジオ』や『新聞』『ソーシャルメディア』などといった他のメディアを表す言葉と比較するとおもしろいのではないか」「YouTube や Twitter といった言葉とも比較すると良いのではないか」といった意見や，「スマートテレビに対する消費者のブランドイメージを分類し，そこからマネタイズできるようになるとおもしろい」といった意見があった。

(3)「Google Glass は報道現場を変えるか？〜『日本的』ジャーナリズムの課題」
　奥村研究員は，Google Glass によって事件の犯人が逮捕される様子を撮影した世界初の映像が YouTube 上にアップされ，ニュースの世界に導入できない

かという議論がアメリカで始まっている事例を紹介し，Google Glass の取材現場への活用について考察したいとした。そのうえで，これによって報道現場に大幅な改革が行われる可能性があると考えているが，課題として，撮影時に外部にわかるようにしなければならないという問題があるとの認識を示した。また，撮影することについて信用してもらう必要があるが，そもそも一般市民が完全にテレビ局を信用しているのかというと，心もとないと言わざるをえない状況であり，その点，欧米のメディアは，自分たちの信用を築き上げることを徹底的に行っていると報告，こういったデバイスの使用に二の足を踏んでいると，フリーランスの記者や新聞社などに先を越される可能性もあると危惧した。

ディスカッションでは，「導入に一番強い拒絶反応を示している局内の部門はどこか」との問いに，「部門ではなく，人物や社風などにも大きく左右される。アメリカのビデオジャーナリズム開始時の対応は社によって異なっていた」と回答した。また，奥村研究員自身が，「Google Glass をポジティブに捉えているのか」との問いには，「今のところ，五分五分で，全面的に移行できるとは思わないが，使用して効果のある状況は存在すると考えている」とした。

(4) 「スマートテレビ2.0」

中村研究員は，スマートテレビについて，アメリカでは，テレビ受像機を PC に変えるという動きが IT 業界が主導しているが，日本のスマートテレビは，放送業界が中心であり，テレビも PC も両方使い"続テレビ"を作ろうとしているとした。そして，今後のスマートテレビ・サービスの普及には，3点の課題があるとし，「通信と放送の同期，HTML5 の標準化などの技術面の整理」「セカンドスクリーンの提供主体，課金方法，受益者とコスト負担者の明確化などビジネスモデルの問題」「通信と放送でまたがるマルチスクリーン型放送におけるサービス内容の責任の所在，著作権の処理など，制度面の課題」を挙げた。

ディスカッションでは，スマートテレビと 4K・8K の政策について，「4K・8K が，スマートテレビと整合するイメージがわかない」といった意見が出される一方，「枝分かれして進化するのではないか。マルチスクリーンは，いつ

でもどこでも視聴したいというユーザーの方向性，4K・8Kは，大作映画を見るといった方向性で，能動的視聴者と受動的視聴者で切り分けができるのではないか」といった意見が出された。中村研究員は，新しいビジネスモデルを作るのはスマートテレビだと感じるとし，マクロ経済的に見て，広告出稿額はGDPの比率でおおよそ決まるので，トータルのパイが変わることはない。別のビジネスモデルを作ることにチャンスがあるとの考えを示した。

(5)「ネット選挙運動一部解禁と放送局」

　宍戸研究員は，インターネット選挙運動の一部が解禁されたことに関し，それまでの「べからず選挙」のしくみを原則として維持したまま，ネットでの選挙運動の一部を解禁したことによって，非常に大きなアンバランスが生じており，このゆがみの最前線で一番困るのが放送局ではないかと考えているとした。そのうえで，放送局は，法によって，政治的公平性，選挙報道の公正，選挙運動放送の禁止などが課せられており，報道番組内でSNSでの発言を紹介する際などに問題が生じる，といった具体的事例を示し，現状に疑問を呈した。さらに，選挙において顕著に現れる形をとったが，実際はネットと放送の関係において広く見られる問題でもあるので，ネットと放送の関係についてのモデルケースとして研究する意義があると考えると報告した。

　ディスカッションでは，「ややこしい運用になっているものの，今回の第23回参議院議員通常選挙で大きな問題が起こらなかったのは，うまく活用されていなかったからではないか」との意見に対し，「選挙報道では，NHK的な公平・公正を民放も意識しすぎている傾向があるのではないかという点を気にしている。業界全体等での視聴者のニーズに合った現実的なルール作りなどが必要ではないか」とした。そのほか，「テレビなどにおける機械的な平等主義の矛盾を，どう解消していくかという課題に手が付けられていない。全くテレビとは関係ないところで票を集めている候補者もおり，テレビとは別のところでムーブメントが起きているような状況に，テレビは対応できるのかといった点も研究していただきたい」などの意見があった。

(6)「モバイル対4K・8K～コンテンツベースで考える地上波放送局の次世代経営戦略～」

　内山研究員は，現在のテレビが向かっている，モバイル，マルチスクリーンの活用，4K・8Kの普及という2つの方向・流れを研究テーマにしたとし，この2つの流れに何か接点を見つけたいとの考えを示した。そのうえで，①マルチスクリーン化では，モバイル端末が地上波放送の画面をどう補完するのかという点で，②4K・8Kの普及では，視聴者側の負担も含め，設備投資の点で懸念があるとした。しかし，美術館などであれば，4K・8Kの大画面ディスプレイをタブレットのアプリで情報支援するということも考えられるとし，アプリを使用した情報支援といった方法であれば，どちらの流れにもつながるのではないかと報告した。そして，放送外収入という点で，イベントに熱心に取り組んでいる社が多いので，まずはイベントから4K・8KにB2Bで取り組むのも一つの方法だとの考えを示した。

　ディスカッションでは，「そもそも，テレビは，①あらゆるところから，同時により多くの人に伝える，②映画に匹敵する映像を持つ，という2つの強みを持っていた。この点では，モバイルによって，あらゆるところから出すものが，あらゆる場所で受け取れるようになり，また，4K・8Kによって映画のスペックがテレビのものになる。組み合わせは経営判断だが，経営戦略的には，どちらも，視聴者の本質的な欲求への対応ではないか。4Kが当たり前になる可能性もあるが，一つの問題は，伝送路である」「テレビ放送が開始する前は，ニュース，短編など映画にもさまざまなジャンルがあったが，ハリウッドはその後，長編大作エンターテインメント世界に特化した。4K・8Kだけにこだわると，放送産業も同じ道を歩むのではないかと危惧する面もある。今後，インターネットメディアがマス媒体として伸びていく中で，マスを掴み続ける必要がある」といった意見があった。

(7)「ビッグデータと放送情報」

　春日研究員は，過去2年間，メディア情報が，消費者の具体的な行動にどの

ような影響を与えているかを，実証的に分析してきたとし，ビッグデータをキーワードに，視聴者行動とテレビ情報との関係について整理してみたいとした。そのうえで，V. マイヤー＝ショーンベルガーの著書『ビッグデータの正体』では，ビッグデータ分析においては「原因と結果」ではなく，「相関関係」が重要だと説いているとし，因果関係，相関関係，どちらも重要だが，本研究では相関関係を中心に検討していきたいとした。そして，定説があるわけではないが，テレビ情報が消費者行動に影響を与えることは確かだと思われるので，テレビ放送の特定の話題が「市場」に影響を与える可能性があるとし，こういった分析を深めていきたいとした。

　ディスカッションでは，「マイヤー＝ショーンベルガーの相関関係だけで見るというスタンスについては，批判があるのも事実である」「ピュー・リサーチセンターは，2012年10月に実施された米国の選挙について，ソーシャルメディアの論調と当選の関係について調べている。ソーシャルメディアの発言内容と当落が全く関係ないかといえば，そうではないとの研究もたくさん出ているので，参考にしてもらいたい」といった意見があった。

(8)「V-High マルチメディア放送と電波利用料」

　林研究員は，V-High マルチメディア放送に焦点を当てて電波利用料制度の研究を行いたいとし，アナログの跡地で特別な受益を得ているとの理由から，他の基幹放送と異なり，マルチメディア放送に特性係数が適用されていないことへの問題意識を述べた。また，電波利用料の見直しに関する検討会での議論では，「跡地利用による特別な受益と放送局としての公共性とは何ら関係がないことから，テレビ放送等と同様の特性係数を適用することが適当と考えられる」としているものの，同時に，「VHF 帯以下と UHF 帯を区分して経済的価値を勘案することの検討状況にも留意して」との文言がつけられていることに関して，本来，VHF 帯と UHF 帯の経済的価値の差異のとらえ方と負担のあり方とは，制度として論理的な関連性はなく，「無線局全体の受益を直接の目的とする」電波利用料の基本的性格に照らし，V-High マルチメディア放送に

ついて「他の免許人以上に多額の費用を要する地デジ移行対策の受益に対する負担を負うことが適当」という考え方自体おかしいものであったと指摘した。

　ディスカッションでは，「特性係数をかけると，その軽減分の負担を既存の免許人に負わせる必要がある制度自体に根本的な問題がある。そもそも共益事務はこんなに必要なのか疑問である」との意見が出され，「電波利用料によって賄われる費用は，電波法第103条の2第4項の電波利用料の定義において明らかなように，「無線局全体の受益を直接の目的として行う事務」に対するものなので，受益は，免許人及び登録人全体に等しく及ぶものが制度の大前提であることを忘れてはならない」とした。

(9)「マルチスクリーンが視聴者に与える影響に関する分析」

　三友研究員は，メディアの視聴，特にニュース番組において，マルチスクリーンでの視聴が知識レベルを深めたり，信頼度に影響を与えるのではないかとの仮説をたてたうえで，オンライン調査によるデータ分析によって検証を行いたいと報告した。そのうえで，マルチスクリーン化によって，マスメディアおよびソーシャルメディアの利用がオンラインコンテンツの理解に正の相乗的効果をもたらし，社会事象の知識レベルを増大させるという結果が出る可能性があることを示唆した。

　ディスカッションでは，「知識レベルの増大を客観的に調査するのは難しいと思うが，この辺はどう考えているか」との意見に対し，「個人レベルでの増大を測るわけではなく，全体の中で，視聴行動，利用行動と知識レベルとの相関関係を見ていく予定だ」と回答した。また，「『信頼』が大きな変数になると思うが，『信頼』をどのようなレベルで考えているのか。テレビというメディアに対するものなのか，テレビ局に対する信頼なのか，情報内容に対してなのかなど，信頼といった時にもさまざまな面がある」との意見に対しては，「テレビのパーソナリティの影響や局ブランド，番組の影響などさまざまな要因が考えられると思うので，精査したい」と回答した。

　そのほか，「テレビ局は，番組ジャンル別の結果などに興味があるのではな

いか」「Twitterとの関係などについては，エンターテインメント番組関連が中心で，情報系番組についての研究はほとんどないので，おもしろいのではないか」といった意見が出された。

(10)「テレビ報道現場におけるウェブ利用（1）背景と問題点」

　音研究員は，テレビの報道の現場などでウェブを使用することをどのように考えていくのか，またウェブの普及した社会におけるジャーナリズム活動の中で，市民の発信をどう位置づけるのかについて考察したいとした。そのうえで，記者がSNSや，Twitterで発信することも始まっており，SNSの報道現場での活用を考えると，地方のローカル局が，番組内で地元の人とSNSでやり取りをして，大きなニュースを掴むということもあるのではないかとし，ハガキやメールの次のステップとして活用していくことは，現場の人達にとって非常に有意義である。日本のジャーナリズムの一つの可能性を提示することができるのではないかと考えていると報告した。

　ディスカッションでは，「Twitterなどのアカウントの使い方について，AP通信などのソーシャルメディアガイドラインは，具体的に記載している。アカウント名の違いは，情報収集にどのような影響を及ぼすのか」との問いに，「アカウント名の問題は，悩ましい問題だ。名前が売れた記者は自分の名前を出したいし，そうでない記者は組織で出したいという傾向がある」と回答した。そのほか，「オープンイノベーションが流行しているが，報道の面でも，視聴者を通して価値を高めるという方法もあるのではないか」といった意見も出された。

2013年度 民放連・研究所客員研究員会の構成

●客員研究員（50音順）
　稲田　修一（東京大学先端科学技術研究センター特任教授）
　内山　　隆（青山学院大学総合文化政策学部教授）
　奥村　信幸（武蔵大学社会学部教授）
　音　　好宏（上智大学文学部教授）
　春日　教測（甲南大学経済学部教授）
　宍戸　常寿（東京大学大学院法学政治学研究科教授)
　中村伊知哉（慶應義塾大学大学院メディアデザイン研究科教授）
　林　　秀弥（名古屋大学大学院法学研究科教授）
○三友　仁志（早稲田大学大学院アジア太平洋研究科教授）
　渡辺　久哲（上智大学文学部教授）
○は客員研究員会の座長。

●オブザーバー
　前川　英樹（東京放送ホールディングス・社長室顧問）

●事務局
　民放連・研究所

（肩書きは2014年7月1日現在）

本文組版　㈱エディット

スマート化する放送
　　ICTの革新と放送の変容

2014年9月10日　第1刷発行

編　　者：日本民間放送連盟・研究所
発 行 者：株式会社 三省堂　代表者 北口克彦
印 刷 者：三省堂印刷株式会社
発 行 所：株式会社 三省堂
〒101-8371
東京都千代田区三崎町二丁目22番14号
電話　編集　(03)3230-9411　営業　(03)3230-9412
振替口座　00160-5-54300
http://www.sanseido.co.jp/

落丁本・乱丁本はお取り替えいたします。
Printed in Japan
ISBN978-4-385-36303-5
〈スマート化する放送・256pp.〉

> Ⓡ本書を無断で複写複製することは、著作権法上の例外を除き、禁じられています。本書をコピーされる場合は、事前に日本複製権センター（03-3401-2382）の許諾を受けてください。
> また、本書を請負業者等の第三者に依頼してスキャン等によってデジタル化することは、たとえ個人や家庭内での利用であっても一切認められておりません。